ART
DESIGN

高等职业教育艺术设计类专业实践教材
21世纪高等职业教育艺术设计类专业规划教材
示范性高职院校工学结合课程建设教材

U0726953

室内设计方法

The Method of Interior Design

中国高等职业教育研究会艺术设计协作委员会/组编

◎主　编：王茂林　叶　菡

◎副主编：罗　友　吕永梁　毛　静

湖南大学出版社

内容简介

本书分室内设计方法概论、室内设计项目规划、室内设计项目分析、室内设计项目定位、室内设计项目实现、室内设计案例六个单元，对室内设计方法进行理论教学与实训相结合的阐述。

本书作为高等职业教育艺术设计类专业实践教材，亦可供室内设计人士参考。

图书在版编目(CIP)数据

室内设计方法/王茂林，叶菡主编. —长沙：湖南大学出版社，2010.4
（高等职业教育艺术设计类专业实践教材）
ISBN 978-7-81113-782-8
Ⅰ．①室… Ⅱ．①王…②叶… Ⅲ．①室内设计—高等学校：技术学校—教材
Ⅳ. TU238

中国版本图书馆CIP数据核字(2010)第076350号

高等职业教育艺术设计类专业实践教材

室内设计方法
Shinei Sheji Fangfa

主　　编：王茂林　叶　菡

总 主 编：张小纲　陈　希
策　　划：李　由　胡建华

责任编辑：李　由
责任印制：陈　燕
设计制作：周基东设计工作室
出版发行：湖南大学出版社
社　　址：湖南·长沙·岳麓山　　邮编：410082
电　　话：0731-88822559(发行部) 88649149(艺术编辑室) 88821006(出版部)
传　　真：0731-88649312(发行部) 88822264(总编室)
电子邮箱：pressliyou@hnu.com
网　　址：http://press.hnu.cn
印　　装：湖南东方速印科技股份有限公司

规　　格：889×1194　　16开
印　　张：8　　　　　字数：247千
版　　次：2010年5月第1版　　印次：2010年6月第1次印刷
印　　数：1～5 000册
书　　号：ISBN 978-7-81113-782-8/J·172
定　　价：38.00元

ART
DESIGN

示范性高职院校工学结合课程建设教材

参 编 院 校

深圳职业技术学院	黑龙江建筑职业技术学院
广州番禺职业技术学院	青岛职业技术学院
长沙民政职业技术学院	北京电子科技职业技术学院
天津职业大学	温州职业技术学院
武汉职业技术学院	江西陶瓷工艺美术职业技术学院
南宁职业技术学院	湖南工艺美术职业学院
宁波职业技术学院	湖南科技职业学院

合作企业与行业协会

香港兴利集团	南宁被服厂
香港艺宝制品有限公司	南宁乔威服装有限公司
美亿珠宝（香港）有限公司	湖北博克景观艺术设计工程有限公司
广州美联广告有限公司	湖南龙天文化传播有限公司
广州新英思广告有限公司	湖南中诚设计装饰工程有限公司
深圳家具研究开发院	湖南新宇装饰工程有限公司
深圳市景初家具设计有限公司	长沙大银文化传播有限公司
深圳市华源轩家具股份有限公司	善印行数码快印行
深圳仙路珠宝首饰有限公司	景德镇新空间设计中心
深圳市浪尖工业产品造型设计有限公司	北京大汉文化产业有限公司
东莞华伟家具有限公司	广东省包装技术协会设计委员会
圆通设计	广东省商业美术设计行业协会
浙江瑞时集团	广州工艺美术行业协会
杭州异光广告摄影机构	深圳市工艺美术行业协会
宁波美达柯式印刷有限公司	深圳市家具行业协会
宁波杨旭摄影设计工作室	宁波平面设计师协会
温州瑞安兄弟连设计机构	湖南省设计艺术家协会

◆ 王茂林

　　长沙民政职业技术学院艺术学院环境艺术设计系主任，硕士、副教授、高级工艺美术师，湖南省设计艺术家协会会员。主要从事环境艺术设计方向的研究与教学，曾主持完成了多项大型的装饰工程设计项目，在省级以上专业刊物上发表论文十余篇，编著专业教材数本，有较丰富的实践经验。

◆ 叶　菡

　　中南林业科技大学家具与室内设计硕士研究生，现为长沙民政职业技术学院艺术学院环境艺术设计系讲师。在省级以上刊物发表多篇专业论文，主编和参编多部高校环境艺术设计专业教材。主要从事室内设计、家具设计等课程教学，同时在企业从事和主持多项设计项目，有丰富的专业实践经验。

总序

深化以工学结合为核心的人才培养模式改革，是当前我国高职教育加强内涵建设的重要内容，也是实现高等职业教育人才培养目标的重要保证。作为一种以理论与实践紧密结合为特征的教育模式和教育理念，工学结合强调高职教育的人才培养工作要以职业为导向，充分利用学校内外不同的教育环境和资源，把以课堂教学为主的学校教育和直接获取实际经验的校外工作有机结合起来。落实工学结合教育模式的关键，不只是如何安排学生下企业顶岗实习，或让学生在毕业前到企业顶岗多长时间的问题，而是怎样将这种教育理念贯穿于学生培养的全过程，渗透到学校人才培养工作的方方面面，这其中就包括我们的课程建设和教材建设。

教材是实施教学计划的主要载体，也是专业教学改革和课程建设成果的具体体现。长期以来，我国高等职业教育教学改革和课程建设之所以一直未能跳出学科体系的藩篱，摆脱基于学科体系教学模式的束缚，使得作为体现高职教育特色的实践教学教材也难脱窠臼，其关键问题就在于我们的教学改革、课程建设和教材建设还没有真正贯彻工学结合的教育理念，严重脱离企业生产的实际，始终不能适应职业岗位的真正需要。令人欣喜的是，深圳职业技术学院、广州番禺职业技术学院、长沙民政职业技术学院、宁波职业技术学院等院校联合主编了一套高等职业教育艺术设计类专业实践教学系列教材，令人耳目一新。选择实践教学教材作为突破口，努力将工学结合的教育理念贯穿于教材建设之中，将教学改革和课程建设的成果直接体现于教材建设之中，更是令人振奋不已。

我一直认为，艺术设计类专业是创造性很强的专业，而相对于工科专业来说，这类专业在贯彻工学结合上应该难度更大，更不容易落实。然而，这套教材的编辑出版，令我消除了这方面的疑虑，也更增强了我对高职教育深化以工学结合为核心的人才培养模式改革的信心。这套教材的特色十分鲜明，在教学内容的选择和编排上，以企业生产实际工作过程或项目任务的实现为参照来组织和安排；在编写方法上，多采用项目导入模式来编写，以实际工作项目及鲜活的设计案例贯穿全书。整套教材全部由具有实践教学经验和企业实际工作经验丰富的"双师型"教师来编写,尤其注重吸纳企业生产一线的专家、设计师和技术人员参加,从而确保了教材内容能够与企业生产实际紧密结合,这无疑是校企合作的重要成果。更为可喜的是,这套教材主要由国家示范性高职院校的相关专业带头人或骨干教师领衔主编,充分反映了近年来,尤其是示范院校建设以来各参编院校艺术设计类专业在工学结合理念指导下进行教学改革和课程建设的成果。总之,我认为这套教材贴近生产,贴近技术,贴近工艺,操作性强,且图文并茂,形式新颖,深入浅出,具有很强的实用性和针对性。不仅是一套高职教育艺术设计类专业实践教学的好教材,而且也是高职艺术设计类专业学生进行自我训练和自主学习的优秀实训指导书。

当然,这套教材毕竟是以工学结合理念为指导进行教材编写的尝试之作,其中难免还有一些不成熟之处,比如在项目、案例选择的典型性,知识介绍的简约性,考核内容的科学性,文字表达上的可读性等方面还有值得提升的空间。但这套教材中所贯穿的工学结合的理念和改革的方向,是值得广大高职教育工作者学习和借鉴的。我相信,按照这样一种思路和方向不断坚持探索,高职教育的课程建设和教材建设一定能结出累累硕果,高职教育的人才培养质量一定能不断提升。

2008 年 8 月

姜大源 教育部职业技术教育研究中心研究员、教授
中国职业技术教育学会职教课程理论与开发研究会主任

目录

高
等
职
业
教
育
艺
术
设
计
类
专
业
实
践
教
材

第六单元　室内设计案例

单元提要

第一单元
室内设计方法概论

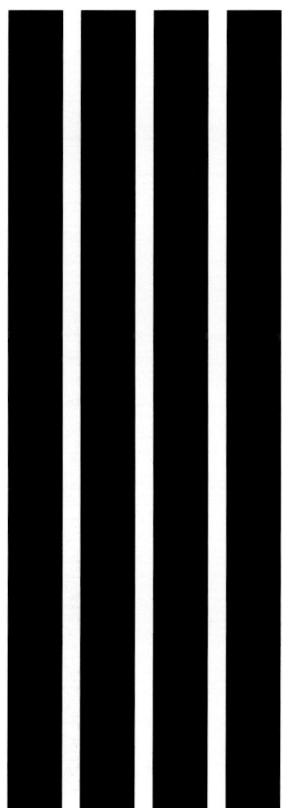

本单元主要阐述室内设计的基本概论，包括室内设计的定义、内容与分类、设计原则、设计程序等。

1 室内设计的概念与内容

课时安排	讲授2学时，实训2学时
教学方式	多媒体教学
目的与要求	①理解室内设计的基本概念 ②掌握室内设计的内容和基本分类
重点	理解室内设计的定义
难点	掌握室内设计的基本分类
教学过程	理论讲述→分析与讨论→课题实训→指导实训→小结
实训课题	了解室内设计的内容和分类，并收集案例资料

1.1 室内设计定义

室内设计是从建筑设计发展而来的，是对建筑内部空间的顶、墙、地面进行创造性的设计（图1-1，图1-2）。

图1-1 某商场室内设计（1）

图1-2 某商场室内设计（2）

室内设计有以下特点：

（1）功能性

在建筑所限定的空间内，为满足人们室内空间生活、交往、文化、娱乐等各种活动需求，丰富室内环境的功能要求而进行科学设计，以满足人们物质生活方面的需求（图1-3，图1-4）。

（2）艺术性

室内设计要求遵循审美原则，创造出有个性的室内空间，以满足人们精神生活方面的需求（图1-5）。

（3）技术性

室内设计要求合理利用物质材料，通过现代科学技术手段去实现（图1-6）。

总而言之，室内设计是在建筑所限定的空间内，满足人们物质生活要求和精神生活要求，符合审美原则，通过物质的、技术的手段来实现设计创意的室内空间环境设计艺术。

图1-3 商场的主要功能就是展示商品

图1-4 餐桌椅是酒楼的主要功能家具

图1-5 独特的橱窗最能吸引顾客

图1-6 灯光、音响是必不可少的技术元素

1.2 室内设计的内容与分类

室内设计的内容主要分为四个部分：

（1）空间形象设计

空间形象设计就是对建筑所限定的内部空间进行处理，并以现有空间尺度为基础重新进行设计，创造出一个既具有使用功能又具有审美要求的实用空间。空间形象设计通过重新划分空间比例和尺度，解决不同空间之间的衔接、过渡，空间的节奏，空间的流通，处理好空间的开与合、封闭与通透的关系，给人带来不同的空间感受。

（2）室内装修设计

室内装修设计就是通常所说的对顶面、墙面、地面的处理。室内装修设计与实际工程结合密切。特别是对于设计专业学生和专业设计人员来说，在施工过程中积累装修经验非常重要。

（3）室内物理环境设计

室内物理环境设计主要是室内采暖、通风、温湿度调节、噪音等方面的设计处理，是现代设计中满足用户装修意愿极为重要的方面。

（4）室内陈设艺术设计

室内陈设艺术设计主要是对室内家具、设备、装饰织物、陈设艺术品、照明灯具、绿化等方面的设计处理。主要包括：

家具设计，包括对家具式样的选择和摆放及家具的造型、结构、色彩设计；

室内装饰品设计，包括对室内起装饰作用的纺织品进行纹样、色彩、肌理的挑选与设计；

室内艺术品设计，包括对艺术品的选择、制作、陈列并处理好室内艺术品与环境的关系；

照明灯具设计，包括灯具及各种照明设施的选型与安装设计；

绿化设计，包括植物的品种的选择和陈列方式。

1.3 室内设计的分类

室内设计的种类繁多，其分类按照使用功能需求，可分为家居空间与公共空间两大类（表1-1）。

表1-1 室内设计的分类

	类型名称		内容范围
按使用功能分类	家居空间	住宅、集体宿舍	按房间数量包括一居、二居、三居、多居，按户型种类包括复式、别墅、跃层等
	公共空间	商业空间	包括购物中心、商场、超市、步行街、宾馆、店铺、美容美发店等
		娱乐空间	包括夜总会、休闲酒吧、KTV、桑拿洗浴中心、茶艺中心、商务会所、俱乐部、影视院、体育馆等
		办公空间	包括写字楼、办公楼、办公室、会议中心等
		展示空间	包括博物馆、展览馆、展览会、售楼中心、图书馆等
		餐饮空间	包括饭店、中餐厅、西餐厅、咖啡馆、酒楼、快餐店等
		学习空间	包括学校、幼儿园等

（1）家居空间室内设计

家居空间室内设计主要包括住宅（图 1-7，图 1-8）、集体宿舍等居住空间的设计。

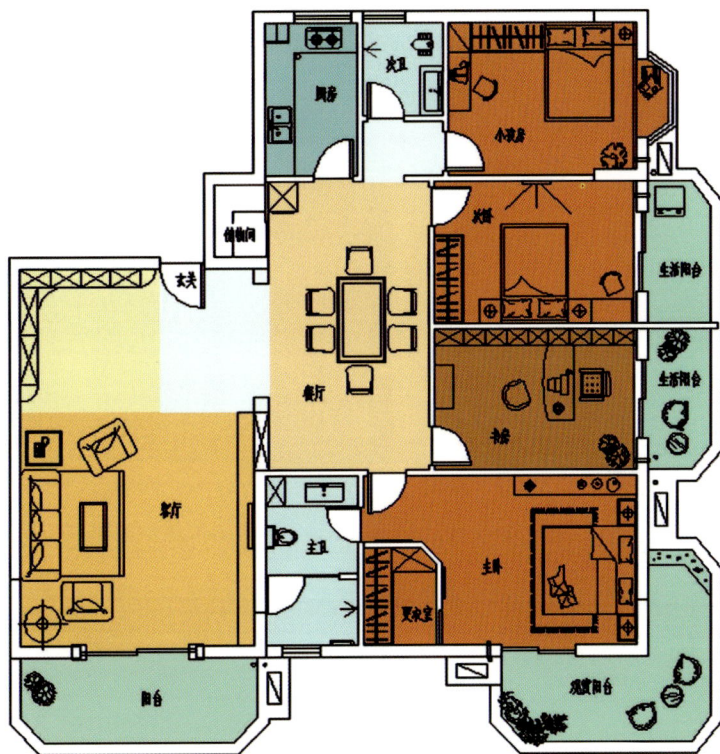

图1-7　居室平面布置图

图1-8　家居空间

（2）公共空间室内设计

公共空间室内设计主要包括商业空间（图1-9）、餐饮空间（图1-10）、展示空间（图1-11）、学习空间（图1-12）、办公空间（图1-13）、娱乐空间（图1-14）等。

图1-9　商业空间

图1-10　餐饮空间

图1-11　展示空间

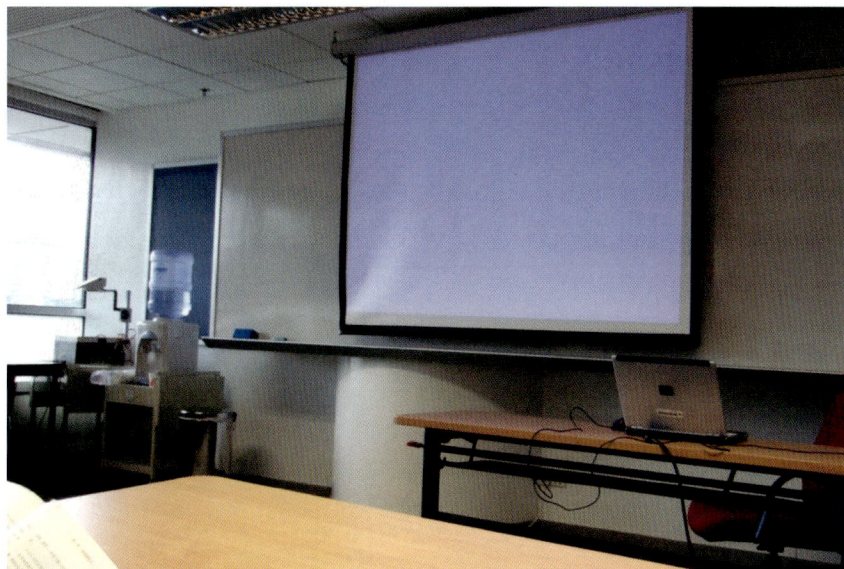

图1-12　学习空间

图1-13　办公空间

图1-14　娱乐空间

2 室内设计的基本原则与程序

课时安排	讲授2学时，实训2学时
教学方式	课堂示范讲授，多媒体教学
目的与要求	①了解室内设计的基本原则 ②掌握室内设计的步骤
重点	掌握室内设计的程序步骤
难点	了解室内设计的基本原则
教学过程	理论讲述、示范→分析与讨论→课题实训→指导实训→小结
实训课题	①分成3~5人小组进行，模拟设计师与用户的沟通过程，了解用户的设计需求 ②用图解法徒手绘制一居室的设计草图

在一张手绘表现图中，线条是快速表现的灵魂，线的美感和形态直接决定了手稿的质量。所以我们需要大量的练习和感悟，从而了解各种线条的表现技法及形态特点。

2.1 室内设计基本原则

室内设计是一种消费行为。室内设计应当使用户即消费者效用最大化，因此室内设计要遵循以下原则：

（1）实用性原则

实用性就是室内设计的使用价值，室内设计能最大化地满足使用功能。既要最大限度地提供物品贮藏、摆设、陈列、使用的需要，又要提供交往、活动、视觉感受需要的空间环境，使人感到方便、舒适（图2-1，图2-2）。

图2-1 实用性室内设计范例

图2-2 书架藏书功能设计范例

高等职业教育艺术设计类专业实践教材

（2）个性化原则

个人有不同的生理与心理需求，有不同的偏好和行为意愿，室内设计时就要通过室内空间不同的布局、造型、色彩、材料、构件选择来体现。设计时不可避免地要"借鉴"，但借鉴应该是创造性的，要体现不同的特征。人们有从众心理，有追求时尚的心理，对时尚的走势会有不同的预期，这就需要在设计时有长远的、发展的眼光（图2-3）。

效用是一种心理感受，效用本身既无伦理学含义，也无客观标准，同样的设计对不同的人会有不同的效用。我们在研究个性化原则时，要强调因人、因时、因地不同而有不同的效用，即给人们带来不同的心理感受。

图2-3　用个性化的涂鸦作为卖场的橱窗背景

（3）安全性原则

①装修时不能拆除和变动的项目有：房屋的梁柱（图2-4）、承重墙、室内阳台的半截墙。

②防火。装修所使用的木材、织物等易燃材料都要进行阻燃处理，在合适的地方设置适当的警报装置。对电表容量、导线截面积要重新设计。

③防水。保护防水层，在使用水较多的空间里进行防水处理，如厨房、卫生间。

④防雷。如建筑物无防雷装置，装修时应予以考虑。

⑤防盗。根据社会治安情况采取适当的防盗措施。

⑥使用的装修材料要考虑房屋的载荷能力。

图2-4　承重柱

（4）艺术性原则

室内设计要营造一种艺术取向、生活情趣相一致的文化氛围，以体现用户对美、对生活的追求（图2-5，图2-6）。

图2-5　不同材质的搭配使空间更具艺术性

图2-6　背景图案与商品互相辉映

（5）环保性和节能性原则

环保、节能是极为重要的国家政策，所使用的材料、设备要尽可能减少噪音，减少有害物质的排放和释放，严格控制在国家标准允许的范围之内（图2-7，图2-8）。节省材料的同时，要采取先进、节能的设备，最大限度地降低能耗。

图2-7 利用环保的室内装饰材料（1）

图2-8 利用环保的室内装饰材料（2）

（6）经济性原则

设计档次要根据用户的装修意愿与能力，包括市场价格、用户的收入和投入、用户的偏好。其中影响最大的是收入水平。不同收入阶层会有不同的装修意愿和能力，设计上便会有不同的水平和档次，不管是哪一种水平、档次的装修，通过精心设计，恰当地采用替代材料，充分发挥各种材料色彩、质感、性能等特征，都能达到既美观实用又经济的效果。

2.2 室内设计程序

室内设计的每一个环节都十分重要，环环紧扣。室内设计主要分三个阶段：设计前期准备阶段、方案设计阶段、施工与工程验收阶段。各阶段工作完成项目内容如表 2-1 所示。

表2-1 室内设计各阶段完成内容

阶段	项目内容	
设计前期准备阶段	接受委托，明确设计任务和要求；收集资料和信息	①用户的需求、预期效果
		②用户的经济能力，拟投入资金、装修档次
		③材料设备价格及工时定额资料、物价指数
		④地理、交通、气候资料
		⑤建筑的环境资料以及有关设备、设施、材料的环保资料及国家标准
		⑥进行实地考察，完成必要的测量
方案设计阶段	①平面图、立面图、剖面图	
	②三维效果图	
	③工程预算	
	④提出设计报告	
	⑤编制施工说明书	
施工与工程验收阶段	①与各专业工种进行协调，交代设计意图	
	②提出施工要求，进行技术交流，核定工程量及其他事项	
	③根据预算选择的材料设备进行采购	
	④监理人员根据设计、施工要求进行现场考察，对施工有关事项及局部设计修改补充事项做出记录	
	⑤设计人员现场处理与各专业图纸发生的矛盾	
	⑥施工验收，绘制竣工图	
	⑦进行工程决算	
	⑧向用户交代日常管理与维护问题	

如果是招标，应根据标书参加投标。

接受委托任务书后即可进行设计准备。各个阶段都要与用户充分沟通，随时听取用户意见。设计准备阶段要充分收集、分析、运用与设计有关的信息、资料。构思立意一般应提出两个或两个以上方案，通过分析、比较再确定设计方案。

充分交换信息，特别是设计师和施工者之间要多交流。设计师要掌握更多的有关装修的信息，如价格信息、材料质量信息、施工质量信息，要充分、透明、负责任地向用户提供。

2.3 室内设计图解法

　　图解法是利用手绘图形来表达设计方案构思及过程的方法，它不仅能快速表现设计师的构思，而且是设计师与用户与其他相关人员之间沟通交流的纽带。

　　设计师用图解法表达设计构思，要熟练运用徒手画技巧、速写技巧，把设计构思的过程用徒手草图的形式表现，然后进行综合分析比较，从而做出功能合理、实用美观的设计方案。可以是平面、立面或透视图，也可以是抽象的草图，它们的共同点是迅速、灵活、不受约束、便捷。图解法先要收集资料，如建筑图纸、设计素材等，准备好测量工具，进行必要的测量，掌握一些最主要的数据，徒手画出符合比例的平面草图和剖面图（图2-9）。

图2-9 用图解法表现设计构思的过程

单元提要

第二单元
室内设计项目规划

本单元主要从制作项目任务书、制作客户档案、规划设计三方面分析室内设计项目任务。

课时安排	讲授2学时，实训4学时
教学方式	多媒体教学
目的与要求	通过对设计任务书的理解，准确把握室内设计方向，能根据客户要求制作项目任务书。在设计任务书的引导下，确定设计思路，提高设计项目全过程实施的可行性
重点	掌握设计任务书的相关知识，明确认识任务书的作用
难点	掌握任务书的制作程序
教学过程	理论讲述→分析与讨论→课题实训→指导实训→小结
实训课题	分组分工合作，搜集资料，制作一份设计任务书

3　制作项目任务书

　　任务书是设计纲领性文件，是围绕项目的所有构想成型的第一步，是后续设计管理、设计合同执行的重要依据，尤其是非住宅项目（如商业地产项目）。制作任务书是一个成功项目的开始，它的好坏对设计产品的质量影响尤为重要。

　　当室内设计师接受一项室内设计任务时，需要进行设计前期的准备工作，这些工作包括对任务的理解、调查研究和考察实例。

　　设计前期工作就其工作方式来说是一种收集、掌握第一手资料及对这些资料的研究过程。因此，这一阶段的设计思维方法主要是运用逻辑思维对资料进行分析与综合，以便于得出一个对下一步设计的指导性意见。这些准备工作做得越充分，在下一步动手设计时就越主动。因此，这一阶段的工作不可疏忽大意。

　　设计任务书是进行室内设计的指导性文件，对于不同的室内设计项目，任务书的详尽程度差别很大，但一般包括两大部分内容：文字叙述部分和图纸部分。

3.1　文字叙述部分

（1）项目名称

　　从项目名称中了解该室内设计属于何种建筑类型（如餐饮建筑的室内设计，宾馆的室内设计，住宅建筑的室内设计，办公建筑的室内设计），以便在室内设计中把握设计应表达的特性。如果丧失了明确的设计目标就会把室内设计的效果搞得不伦不类。在住宅类建筑中进行室内设计时，如果盲目追求高档装修材料，过分堆砌装饰符号，选材五花八门，整个室内设计效果就会失去家居气氛。

（2）项目地点

　　有些重要的室内设计项目，其构思源泉可能与地域环境密切相关。理解项目地点的特征性，有助于设计师在室内设计中注意风格的定位、装饰材料的选用、陈设小品的恰当配置，甚至力求把室外景观环境纳入室内设计当中，对设计起到积极的作用。

（3）项目内容

　　这是涉及室内设计师具体要进行工作的范围，在设计任务书中一般会有详细的叙述。室内设计师对这些需要进行设计的内容一方面要心中有数，另一方面要分清主次，在安排时间、精力、人员上要合理配置。

（4）项目要求

这是设计任务的重点，表明了甲方对各个空间的要求和限定，室内设计师在进行设计时务必不要偏离项目要求。当然，有些项目的设计要求比较原则，比较灵活或者不甚完善，这就需要室内设计师去理解项目任务书对项目要求的含义，设计师可以向甲方进行咨询，以便进一步明确设计要求。

（5）项目标准

室内设计的装修标准是非常有弹性的，主要反映在用材和材料单价的差距上。在设计时，可以用行规的标准控制。比如，宾馆客房的室内设计可以用星级标准控制，而多数项目以投资数或每平方米造价来控制。设计师在对任务书充分理解的基础上，如果对设计标准心中有数，就能避免设计标准掌握失控，减少设计的不必要返工。

（6）设计周期

对于室内招投标项目来说，完成项目时间是严格控制的。因施工进度要求，工程项目对设计周期也会提出苛刻条件。无论哪种室内设计方式，设计周期是有限制的，因此一定要在限定时间内完成设计工作。

（7）设计成果与要求

为了正确图示表达设计任务书的要求，设计者提供一套图纸是必要的，包括：

①设计说明；
②各层平面及家具配置图，常用比例 1∶100，1∶50；
③各房间各剖立面设计图，常用比例 1∶20，1∶50；
④天花图，常用比例 1∶50，1∶100；
⑤电气设施（灯具、空调、电话、热水器、电视、电脑等）配置平面图，常用比例 1∶50，1∶100；
⑥必要的节点大样图，常用比例 1∶10，1∶5；
⑦概算；
⑧若干室内透视图；
⑨其他。

不同的室内设计对上述各设计成果的内容要求不尽相同，视具体情况而定。

3.2　图纸部分

这是设计任务书的重要组成部分。一般以建筑施工图纸或建筑方案图纸为依据，室内设计师首先要读懂图纸，搞清这些房间平面布置的方式，并结合进一步理解建筑平、立、剖面图的有机关系，在头脑中建立起空间形象。同时，搞清水、暖、电结构等图纸中各种管线设备的布置情况和结构体系。室内设计师只有把图纸消化了，才能减少室内设计中因考虑工种配合不周而产生的一些设计失误。

设计任务书样本如下：

××项目设计任务书样本

项目概述

本项目位于××站前区光华路东，金牛山大街北。根据××年×月×日批准的规划，总用地面积93663.6 ㎡，一期计入容积率总建筑面积60139 ㎡，回迁占地面积13192 ㎡，回迁建筑面积20220 ㎡，容积率＜2。

本项目分两期建设，一期工程正在进行建设，包括10# ～ 17# 楼及14# ～ 17# 连接体。本设计任务书只涉及二期工程。

根据市政府的要求，本项目规划用地进行调整，调整后用地界线见新版规划图。用地范围内的规划设计由设计方提出，经甲方和上级部门审批后实施。

休闲健身中心、物业、换热站、泵房、变电房在一期工程建设时已经充分考虑了二期的需求，本期工程设计不再考虑上述建筑。

设计纲要

1. 楼盘定位：本项目建成后应属于××高档花园住宅小区，建有大众活动场所、游泳池、体育健身等基础设施。

2. 建筑风格：与一期工程一样，以小高层为主的英伦风格小区。两期工程设计既要体现风格的统一，又要体现出设计师独特的设计思想和表现手法。

3. 小区景观：二期工程景观设计思路基本遵循一期的思路（在21 号楼和24 号楼之间约76 米的空间内，建议结合二期建筑风格设置中心主题景观花园，在注重区内景观环境均好性的同时，营造和强调优势区域，为区内住宅品质划分及分级定价销售创造条件）。半地下车库的屋面做宅间绿化，硬质景观为主，绿化结合，请参照一期工程景观设计图。

4. 交通组织：小区内道路应考虑消防的要求，设置车行道和人行道，尽可能考虑人车分流，并充分考虑半地下车库的车辆出入需要。

5. 规划：要充分利用容积率2.0 的指标，楼距要求符合规范中的区内1 小时、区外2 小时的日照要求。

6. 户型：积极推荐优秀户型，结合业主提出的户型方案和户型配比指标进行调整组合，充分利用优势区域，把高品质户型（带景观电梯、入户花园、6 米高挑露台、主力户型等）布置在其间，建议将小两房户型与部分三房户型联合，做成子母套户型，使用各自独立，销售可分可合。既可满足部分客户子女就近照顾老人（小套为老人套），又可满足部分老人帮子女照管孩子（小套为年轻套），分开居住，做到布局合理，结构经济。

7. 要求重视并优化管线综合设计。各专业相互协调，各种管线间隔符合规范要求，并优化布置，管线、箱体要避免互相碰撞，管道井要绘制管道布置图，重要楼层绘制墙面洞口箱位立面图。

设计指标

户型设置及面积控制：

一房一厅一卫、小两房一厅一卫：50 ～ 80 ㎡ / 套，占5%。期望同部分两房或三房组成子母套户型，相对独立，可分可合。走入式凸窗。

两房一厅一卫、两房两厅一卫：80 ～ 110 ㎡ / 套，占40%。走入式凸窗。

三房两厅一卫、三房两厅两卫：110 ～ 130 ㎡ / 套，占30%。6 米高露台，部分户型带入户花园，主卧带衣帽间。

四房两厅两卫：130～160 m²/套，占15%。6米高露台，入户花园，主卧带衣帽间。

复式（一、二层跃层，顶层跃层）：占10%。6米高露台，入户花园，主卧带衣帽间。

各专业设计要求

◆建筑专业

一、设计说明

1. 建筑设计总说明中关于建筑面积的计算要精确，并随设计的加深不断核算，直至最终成果，建筑面积计算应严格按照国家颁发的建筑面积计算标准执行。

2. 门窗须统一编制门窗表，阳台门、露台门须注明，入户门应注明防火等级。

二、住宅设计统一技术要求

1. 层高

层高2.9 m。

2. 墙体

2.1 墙体材料及厚度

填充墙采用非承重轻质砌块,容重为650 kg,厚度应体现于方案图纸,墙体不同厚时应尽量单边设置。

2.2 预留洞

内外墙上所有预留洞均有水平和竖向定位：柱、梁上留洞不仅在建筑图上标注，还应在结构图中采取相应措施，并注明。

2.3 保温

建筑保温设计执行辽宁省地方节能标准《居住建筑节能设计标准》，外贴保温板。

2.4 外墙

外保温采用EPS保温板或挤塑板，加钢丝网或玻纤网，强度、厚度、密度按计算确定。

3. 屋面

保温层采用聚苯乙烯泡沫塑料板，厚度按计算确定。

屋面为上人屋面时，密度20 kg/m²～25 kg/m²;

屋面为非上人屋面时，密度16 kg/m²～18 kg/m²;

所有出挑及外露构件均应考虑防冷桥措施。

4. 楼地面

4.1 楼板

所有楼板均采用现浇板。

4.2 卫生间

楼板结构降板相当于建筑标高降150，正常地面降100。

4.3 阳台

封闭阳台楼板与相连房间楼板齐平。

不封闭阳台楼板结构降板100。

标明设备、电气管井的封堵做法。

5. 门窗

5.1 门洞口尺寸（建议尺寸）

入户门： 1100×2100 ；1200×2100。

卧室门：900×2100 （铺完地热后净高，下同）（门窗表中标注用户自理）。

厨房门：单扇平开门 900×2100，推拉门用户自理（门窗表中标注用户自理）。

卫生间：800×2100（门窗表中标注用户自理）。

佣人房：800×2100（门窗表中标注用户自理）。

车库门：2700×2400（可根据实际情况稍作调节），最低不低于 2200。

5.2 门垛

必须设门垛，尺寸以 100～120 为宜。

5.3 窗

洞口宽度：同类型房间窗洞口尺寸宜尽量统一；

落地窗：距地 900 高以下应为固定窗扇，且应设 900 高护栏（若设安全玻璃，窗外为阳台，平台等不受此限制）；

窗顶标高：厨卫窗顶标高设计考虑低于吊顶 50，不得出现下水横管或吊顶挡窗的现象。厨卫窗台高度定为 900。

窗台：窗台设混凝土压顶。

门窗用材及开启方式：单框双玻中空断桥铝合金平开窗（楼梯间窗为推拉窗，部分卫生间小窗为内上旋窗），应考虑框料大小与玻璃的面积搭配。

综合考虑通风、清洗、安装空调等多方面因素。

外窗建议平开，外门建议外开。

5.4 门

入户门：三防门。

阳台门：断桥铝合金单框双玻中空平开门连窗。

店面门：不锈钢平开门。

车库门：电动上翻卷帘门或电动卷帘门。

标注尺寸：所有门窗的标注尺寸为洞口尺寸，门窗安装节点图需标明详细做法。

6. 厨房

6.1 橱柜

布置遵循洗切炒的流线，洗菜盆及煤气炉位置考虑两个同时操作的可能，橱柜的设计要考虑燃气灶、油烟机、微波炉、电饭煲的放置。同时，要注意对水电设计的影响，橱柜的设计应考虑到水表、电表、燃气表及地热分水器的设置。

橱柜宽 550，设橱柜处的门垛最小宽度不小于 600；

吊柜宽 350，设吊柜处的门垛最小宽度不小于 400。

6.2 冰箱

6.2.1 厨房冰箱位宽度不小于 650。

6.2.2 冰箱和煤气灶不能贴临放置。

6.2.3 冰箱位预留且应注意冰箱门的开启方便。

6.3 地漏

厨房不设地漏。

6.4 洗衣机

预留位置不小于 650×650，并单设专用地漏，靠墙边。

6.5 热水器

热水器可设在厨房、客卫、生活阳台上；

应具体标明热水器的位置及形式，主要考虑电、煤气热水器；

考虑煤气管的走向，要求管线尽可能短、美观。

6.6 排烟道

油烟机直接外排，排烟道优先考虑使用 PVC 管；

位置：应尽量靠近燃气灶，且排气口应正对燃气灶；

预留洞口：考虑在吊顶之上。

7. 卫生间

洁具布置应绘制平面大样，间距尺寸符合规范要求，按常用尺寸、比例绘制，各套图纸洁具的样式要统一，无论卫生间是否设外窗，所有管道尽量隐蔽敷设墙内。

7.1 通风道

通风道平面尺寸：详见所选用的产品图集。

位置：考虑与给排水管集中设置，以便于装饰。当置于窗垛或门垛处时，注意窗垛或门垛尺寸满足通风道的安装尺寸。

通风孔预留洞：考虑在吊顶之上。

卫生间排气扇应就近设插座（置于吊顶标高以上），开关并联于门口处。

7.2 地漏

淋浴间内地漏位于淋浴头下部居中，并距离 400 mm。

7.3 其他

排水坡度情况应在详图或做法说明中注明，厨卫门口应标明门口线。

卫生间开关设在门外，但浴霸开关设在室内。

卫生间避免有梁穿过。

给水管、排水管、煤气管不应发生冲突，立管不遮挡排气洞口，不影响开窗。

8. 屋面

需做好通风道、下水管等各种管道出屋面的穿板防水处理（并注意与屋顶阁楼窗口间距离满足规范要求，避免气流灌入）。

雨落管的平面布置尽量隐蔽设置，尽量设在平面凹槽内，以减少对立面的影响，并根据墙面色彩做相应处理。

上部屋面雨落管或自然落水管直接落至下一层屋面时，设防护措施，并应考虑上一层层面的防盗问题。

顶层用户应充分考虑晾衣遮雨设计。

平屋面为有组织排水，落水管材料为 PVC 方形落水管，尺寸及安装节点详见厂家产品说明。

9. 阳台及露台

阳台处所有墙面、天花涂料应同外墙做法。

开向露台或无顶阳台的门，均应设雨棚。

栏杆高度应满足国家相关安全防护高度。

露台栏杆下应有踢脚，高度宜为 150 高。

所有阳台应标明地漏并表示排水方向及坡度。

出露台处可考虑反梁处理，通过调整屋面找坡，减少出露台处的高差，若露台底屋面功能容许，也可考虑结构降板处理。

阳台栏杆设计应有防儿童攀爬措施。竖向垂直栏杆应保证间距不大于110。

在露台分户隔墙处加强防水构造设计。露台处实墙面下部泛水挑檐高度定为 500（结构标高起算）。

10. 空调处

室外机安装可借用墙身挑板放置、阳台或楼板挑板放置等几种方式，应根据立面效果决定。

室外机位（为净尺寸，下同）：考虑住户最可能或最合理的安装位置，平面图中应详细标明空调板定位尺寸。

空调机位三面有墙体围合时，装饰板应设有活动扇以便于安装。建筑应有铁艺栏杆孔装饰板的详图大样。

空调室外机位应考虑便于安装及维修的可能性，靠近窗洞口设置，避免设在山墙面且旁边未设窗，不便于空调机的安装。北侧房间可不考虑空调机位。

空调室外机安放在上人平台时，应避免对人的活动产生不良影响。

起居室考虑设柜式空调，冷媒管穿墙留洞，管中距地 200，平面图中应详细标明留洞定位（注意与室外空调搁板相对位置，尽量隐蔽、减少外露空调管）。并应注意空调位与插座位置不发生冲突。

相邻空调冷凝水管尽量合并使用同一根立管。

11. 外墙饰面

建筑立面主要材料为面砖及涂料，转角和不同材料交接处要有详细做法。

外墙涂料饰面、外墙抹灰需考虑防裂措施。

立面应标出分格缝划分间距，缝宽、深和做法。

面砖墙面需标明铺贴方式大样。

变形缝、雨水管、冷凝水管、排水管的材料和色彩的处理应满足立面美观要求，淡化视觉注意力。外墙立管色彩与该部位墙面应相同，立管应尽量设于阴角处且避开各种留洞。小面积且较隐蔽部位露台排水阴角处用水舌排水。

12. 室外环境

建筑首层散水标高低于室外地坪 400，散水上为绿化覆土。

13. 防水做法

屋面：SBS 改性沥青防水材料，首层防潮处理尽量使用结构防潮处理。

厨卫地面、墙面：卫生间地面均做合成高分子防水卷材并向四周墙上卷起 300 高，并考虑墙面粘贴瓷砖的做法。

女儿墙防水构造处理：压顶出檐并做滴水槽。

雨棚及非封闭阳台均做防水处理。

凡管道穿做防水处理的墙体和楼板处，应标明防水加强措施。

14. 其他

雨棚：入口雨棚挑出长度应覆盖室外台阶踏步。

（注：其他要求及做法满足国家及地方有关规范、规定、要求。）

三、装修标准及设备配置

1. 外墙

以面砖及局部文化石装饰为主，涂料为辅。

2. 内墙

居室：混合沙浆。

厨卫：水泥沙浆抹底灰。

3. 顶棚清水混凝土面

4. 地面

居室：细石混凝土压光地面，找平。

厨卫：做防水处理，上抹水泥沙浆保护层。

5. 屋面根据造型

6. 楼梯

除注明外（为钢筋混凝土楼梯，钢木栏杆扶手），跃层内楼梯用户自理。

7. 装饰构件

空调百叶、铁艺栏杆等均须有相应的详图。

8. 煤气

煤气管道安装到厨房（应考虑最佳管线走向）。

◆结构专业

（1）基础选用预应力管桩。

（2）客厅及居室尽量少设梁（个别情况可以考虑做上反梁）。

（3）梁的高度应尽可能降低，以保证梁下净空高度。卧室、起居室（厅）的室内净高度不得低于 2.4 米。

（4）尽可能少设置构造柱。

（5）方案设计时应考虑结构选型的合理性，应有结构方案比较。

◆给排水专业

一、设计范围
设计建筑范围内的室内给排水、室外排水、消防给水、小型建筑灭火器等系统设计。

二、消防系统
（1）消防水源：由园区按统一规划设置消防水池及消防泵房（设于14#～17#连接体中，详一期设计）。

（2）室外消火栓系统：提供单体楼室外消防用水量，室外消火栓由园区外线统一考虑。

（3）室内消火栓系统：室内消火栓系统引自园区区域室内消防给水干线。在园区内最高的单体楼的屋顶设消防水箱，消防水箱间设增压稳压设施。消防水量标准及火灾延续时间按《高层民用建筑设计防火规范》GB50045-95（2005版）及《汽车库，修车库，停车场设计防火规范》 GB50067-97执行。

（4）管材：消火栓管采用镀锌钢管，自动喷洒系统采用内外壁热镀锌钢管，DN＜100采用丝接，DN≥100采用卡箍连接。

（5）灭火器：住宅灭火器按轻危险级配置手提式灭火器，放于消火栓箱底或消防电梯前室处。汽车库按中危险级B类火灾配置手提式灭火器。

三、生活给水
（1）水源：每个单体给水水源来自园区外线，园区内统一按规划设置加压泵站（设于14#～17#连接体中，详一期设计），生活贮水池（箱）等配套设施。

（2）生活给水系统的分区：1～5层为低区由市政管网直供，6～12层为中区，13～18层为高区。

（3）给水分户计量： 水表设于公共管井内与采暖计量表合用管井内，一楼的水电应设于二楼位置（当地要求），给水入户压力应保证最不利用水点工作压力为0.1MPa。

（4）店面分户计量：水表应设水表间，可分段集中设水表间。

（5）住宅一般每户在卫生间预留接电热水器的位置。

（6）管材：给水立管及各层给水支管（敷设在面层内）采用PP-R管。

（7）管井内立管应进行保温，保温材料为橡塑管壳。保温层厚度应符合有关规范的要求。

四、中水系统
（1）水源：每个单体中水水源来自园区外线，园区内统一按规划设置加压泵站（设于14#～17#连接体中，详一期设计），生活贮水池（箱）等配套设施。

（2）中水系统的分区：1～5层为低区由市政管网直供，6～12层为中区，13～18层为高区。

（3）给水分户计量：水表设于公共管井内与采暖计量表合用管井内。给水入户压力应保证最不利用水点工作压力为0.1MPa。

（4）管材：中水立管及各层中水支管（敷设在面层内）采用PP-R管。

（5）管井内立管应进行保温，保温材料为橡塑管壳，保温层厚度应符合有关规范的要求。

五、排水系统
（1）排水系统包括生活污水系统和屋面雨水内排水系统。系统单独设置，分别排至室外检查井（生活粪便水与洗涤水合流）。

（2）高层住宅一层生活污水单独排放，排水立管设伸顶式通气帽，并应结合建筑设置造型。

（3）半地下车库考虑坡道入口的雨水排出问题，设雨水沟、集水坑、潜水泵等相应压力排水设施。消防电梯机坑考虑排水，车库地面采用排水沟排水，汇至集水坑压力排出。

（4）生活污水系统管材：高层住宅采用UPVC消音排水塑料管，压力排水管室内部分采用镀锌钢管

高等职业教育艺术设计类专业实践教材

或 PP-R 管材。

（5）化粪池设置：高层住宅每栋楼或几栋楼设一个化粪池。

六、其他

（1）半地下汽车库不采暖，其给水、排水、消防均应采取防冻措施。保温材料为聚氨脂发泡。

（2）给水引入管方向，见室外管网综合。

（3）排水出户管方向，见室外管网综合。

（4）管道井需提供施工大样图。

◆暖通专业

一、设计范围

设计建筑范围内的室内采暖、通风、防排烟等系统设计。

二、室内设计参数

采暖室内设计参数：卧室、客厅、餐厅：20℃，厨房：16℃，浴厕：25℃；网点：18℃；地下车库：5℃；设备用房：10℃。

三、通风系统

（1）住宅有洗浴卫生间排风使用浴霸排风（用户自理），无洗浴卫生间设排气扇（用户自理）。

（2）网点及辅助用房的卫生间均须设置强制排风系统（排风扇或风机排风，排气扇由用户自理）。

（3）半地下车库按不采暖设计，采用自然通风，并优先考虑自然排烟。

（4）临外墙的厨房及卫生间墙身留洞，向户外直排（排风扇或风机排风，排气扇由用户自理）。

四、采暖系统

（1）住宅设集中采暖，采暖方式为分户供暖，套内采用低温热水地面辐射供暖。采暖热媒为50～45℃热水，由园区内换热站供给。采暖系统定压由换热站内解决。

（2）高层住宅采暖系统分高低两区，1～12层为低区，13～18层为高区。

（3）住宅采暖均采用分户供暖系统，每户设一块热计量表，高层住宅热计量表设在管道井内或热计量表箱内。

（4）户内盘管采用 PE-X 管材。高层住宅的共用立管采用焊接钢管，焊接。立管至集分水器之间采用PP-R 管，热熔连接。

（5）阀门选用：管道 DN＞40mm 采用对夹蝶阀，DN≤40 采用球阀。非金属管道采用与管道配套的铜芯阀门。

（6）共用立管及户外管道应进行保温，保温材料为橡塑管壳。保温层厚度应符合有关规范的要求。

（7）建筑物热负荷按规范的要求计算。

（8）网点采用低温热水地面辐射供暖，采暖热媒为50～45℃热水。

（9）各采暖系统需实现分户计量，并且热计量装置不能设置于被计量房间内。

（10）未注明部分房间的采暖形式与甲方协商确定。

五、防排烟

按照现行国家规范执行。

六、其他

（1）地热集分水器尽量设置在厨房内的洗涤池或灶具下。

（2）地热盘管设置原则：尽量保证长度一致。地热长度布置应尽量在 50 m 和 60 m 之间。

（3）地热采暖部分，提供地热盘管图纸，在盘管图上标注地热管长度及间距。

（4）空调的冷凝水立管由建筑专业布置，本专业给出冷凝水安装图。冷凝水管采用 UPVC 管。

（5）管道井需提供施工大样图。

（6）采暖入口方向，见管网综合图。

◆电气专业

一、设计总说明

1. 概况及设计范围内容

园区用电及消防用电电源均设于一期设备房内，备用电源为 250 KW 柴油发电机。本期设计内容含低压配电系统、动力、照明、防雷接地系统及弱电（有线电视系统、综合布线（电话、数据）网络系统、可视对讲系统、火灾自动报警系统、车库监控及广播系统以及配合甲方室外强、弱电管网综合，由于一期设计时弱电系统及消防监控中心充分考虑二期容量，二期设计时可根据一期设计文件接入相应弱电系统。

2. 设计依据

（1）现行的国家设计规范、标准、规程及地方指令性法规。

（2）我司的设计要求。

二、系统设计要求

1. 低压配电系统

①住宅用电电源取自室外箱式变压器，变压器位置及容量由甲方及当地电业部门确定。

②每栋楼内一台环网柜可并联控制二个单元住宅的照明及用电。

③各栋楼的表前开关箱应安装在集中电子表箱附近，即维修表箱内设备时能看到的位置。

④用电负荷：100 ㎡以内每户按 6KW 设计，100 ㎡以上每户按 8KW 设计，其他按实际需要或常规做法设计。

⑤插座线材选用聚氯乙烯绝缘电线 BV-450/750-4.0，照明线材选用聚氯乙烯绝缘电线 BV-450/750-2.5。

⑥楼内住宅用户采用集中电子计量表（每块电子计量范围为 12 户型、18 户型、24 户型），跃层式商品用房需每户单独采用一块三相电子计量表（集中表箱）。

⑦集中电子表箱内表前不设开关，表后每户设一个隔离开关。

⑧由电子表箱至楼梯间过线盒采用塑料线槽敷设，由过线盒至室内用户电源箱及室内敷设管材均采用聚氯乙烯半硬质 PVC 阻燃管。

⑨低压供电采用 TN-C-S 系统，末端回路预埋 PVC 管，住宅照明灯具和插座按《住宅设计规范》设计，配电箱内空气开关、漏电断路器均暂按正泰产品设计。

⑩空调负荷按分体壁挂空调设计。

2. 弱电系统

（1）进线

①各栋楼弱电系统均由各楼号东、西弱电井引出，各楼弱电系统为东、西进户，进户管为尼龙管 PE50；

②每户室内距地 300 mm 处安装一台弱电综合配电箱，各弱电系统进户后进入箱内，由箱内分支至各端子面板。

（2）有线电视系统

①设计范围：按《住宅设计规范》详细设计，其他场所按实际使用功能合理考虑预留，与一期管线接驳。

②有线电视电源不经电子计量表，由表前接线。

③每户同时有一根同轴电缆和一根八芯超五类非屏蔽双绞线接入户内的家居智能布线箱内，由布线箱分支到住宅户内每个卧房及起居室的电视插座设置，要求参考建筑家具布置综合考虑。超五类非屏蔽双绞线不做分支设计。

3. 综合布线（电话、数据网络）系统设计

①设计范围：按《住宅设计规范》详细设计，其他场所按实际使用功能合理考虑预留，与一期管线接驳。

②每户1条电话线入户，接入户内的家居智能布线箱内，户内电话分支线路不做设计。

4. 可视对讲安防系统

①设计范围：按《住宅设计规范》详细设计，其他场所按实际使用功能合理考虑预留，与一期管线接驳；

②各单元门口主机按安装在楼宇门的小扇上设计，接线盒安装在门洞内侧墙上距地1400 mm，楼宇配电箱和单元门口主机安装在单元门的同一侧面；

③每户设联网型可视对讲门口机，户内设彩色可视对讲分机，并与物业管理控制中心联网；

④每户主卧室安装一个紧急按钮。

5. 闭路电视监控系统

设计范围：仅在停车库通道内设置摄像头，信号引至园区消防控制室。

6. 广播系统

设计范围：仅在停车库通道内设置音箱，信号引至园区消防控制室。

三、平面设计要求

1. 配电箱

要求每户设一个用户配电箱，配电箱内分设照明回路、普通插座回路、卫生间插座回路、厨房插座回路、空调插座回路。

2. 客厅

①入户门处、客厅和餐厅应设置座灯头，按白炽灯考虑，灯的位置应距离合理，位置适中；

②可视对讲的室内分机放置在入户距门边300 mm，底边距地1500 mm；

③客厅空调插座必须结合建筑专业家居布置及选型，设置适当的位置；

④其他的插座、开关应结合家具布置按常规预留设计。

3. 卧室

①卧房及书房应均设置两个五孔插座；

②空调插座底边距地2200 mm，插座与主机在同一面墙；

③插座、开关应结合家具布置按常规预留设计。

4. 厨房

①插座：电冰箱插座距地300 mm；煤气报警探测器用插座（梁下安装）；消毒柜插座距地300 mm，抽油烟机插座距地2200 mm及其他用电设备（电饭锅、电磁炉等）插座；

②厨房屋顶留吸顶灯一个，居中设置，但应考虑吊柜的影响。

5. 卫生间

①卫生间安装排气扇的插座，吸顶安装，线盒安装在排气管同侧，开关设置在门外。

②淋浴间插座高度为2300 mm。

③在卫生间的洗脸盆位置预留五孔防溅插座一个，高度为1400 mm左右，同时便于业主装修时使用。

④洗衣机位置设防溅式插座1个，底边距地1400 mm。

6. 阳台、露台

阳台上设置壁灯1个。

7. 屋面

根据小区高楼层屋面防雷设计规范要求，屋面防雷网是尽可能以暗装为主。

4 制作客户档案

课时安排	6学时
教学方式	多媒体教学
目的与要求	通过制作客户档案，认识客户档案在设计过程中的定位与整个设计项目的关系，要求学生能全面详细的制作客户档案
重点	掌握制作客户档案的程序步骤
难点	掌握制作客户档案的要点
教学过程	理论讲述→分析与讨论→课题实训→指导作业→讲评与总结
实训课题	分小组讨论并收集资料，模拟制作客户档案册

客户档案，顾名思义就是有关客户情况的档案资料，是反映客户本身及与客户有关的商业流程的所有信息的总和。

建立客户档案的目的是为了有效规避市场风险，寻求扩展业务所需的新市场和新渠道，并且通过提高服务水平来提高满意度，通过改善设计产品最终销售设计产品，签订工程合同。那么如何建立客户档案呢？

4.1 收集客户档案资料

要建立客户档案就要专门收集客户的信息资料并且尽量做到详尽。比如：有关客户最基本的原始资料，包括客户的名称、地址、电话以及他们的个人性格、兴趣、爱好、家庭、学历、年龄、能力、经历背景、财务状况等，这些是通过设计师与客户的交流来收集的。将获得的信息进行加工，以期得到一个完整的视图。需要充分的时间收集资料，必须使你的客户同你分享他们的所知，并让客户也参与到设计项目中来。

经常与客户沟通，及时了解客户信息，准确给设计定位。客户档案资料会不断地补充、增加，所以客户档案的整理必须具有动态性。

4.2 建档工作

档案工作有三点值得注意：

（1）客户档案信息必须全面详细

客户档案所反映的客户信息，是我们对该客户确定一对一设计的重要依据。因此，档案的建立，除了客户一些最基本的信息之外，还应包括其社会地位、家庭状况、个人品位等这些更为深层次的因素。

（2）对已建立的档案要进行动态管理

设计师是一个服务职业，在从事这个职业时千万要记住"服务"这个词，因为设计师从事的不是纯艺术的工作，艺术家的个性在这里无法实现。设计师必须销售自己的产品——设计。这就要求设计师首先是服务人员，再次是销售人员，最后才是设计产品创造人员。作为服务人员，首先我们要满足顾客的需求，因为你创造的设计产品是为对应的顾客服务的。从客户那里获取的信息越多，准备程度越高，也就意味着你的设计产品能够越快地被接纳。业主也可以通过和设计师的沟通了解设计师的业务能力，了解企业的实力。这样做既可以省时省力，避免返工，又可以提高效率，容易令双方满意。当客户感受到他们参与了设计过程，他们对设计成果的挑剔也会少一些。

5　规划设计

课时安排	2学时
教学方式	多媒体教学
目的与要求	明确设计思路和方向，提高后期设计过程的有效性和可行性。掌握整体规划设计与后期项目实现的关系。要求学生具有规划设计与设计过程的相关知识和拓展能力
重点	室内设计过程中对功能的要求
教学过程	理论讲述→分析与讨论→课题实训→指导作业→讲评与总结
实训课题	针对不同功能的空间，进行空间分割和再设计

5.1　功能的要求

（1）设计师在对整体进行设计之前，要先进行功能分析，分析时应考虑使用者的功能需要和特定人群的需求倾向。例如，居住建筑要考虑使用者的需要、文化背景、年龄结构、生活习俗、审美水平以及个人爱好等因素，据此进行平面布局，将功能细化。

（2）使用目的不同的建筑，其空间形态、功能布局等都不尽相同，具体到室内空间的分配要根据建筑现有的面积进行合理调整，平面布局要协调以下两大关系：

①要清理建筑自身的各个功能之间的大关系。如喧闹区和宁静区、清洁区和污浊区必须分开。

②各个平面之间也要相互协调。设计师从宏观上要把握功能和平面的关系，尤其是大功能分区之间的联系。如商业建筑中的营业、辅助、办公用房。

5.2　风格的定位

设计风格反映在室内设计的作品中，装饰风格统一在室内设计总的风格倾向之内。要通过与业主的交流，对业主的审美倾向有所了解，听取他对设计的意见和建议以及对风格的大致倾向。另外要了解现有建筑的空间形态，协调好与外立面风格之间的关系，特别是在建筑风格特别明显的情况下。

（1）分析空间的功能属性。例如现在办公空间需要简洁、明快的风格，通过选材、外观可以使一个平淡无奇的空间变成一个独具风格的空间。新型娱乐空间则需要注重色调与环境气氛的配合。

（2）影响风格的因素。影响风格的元素是多元的，主要有设计师的艺术追求、时代的社会意识、材料与工艺的选择等。装饰的风格必须统一在室内设计的风格之内，两者相互融合，才能达到统一协调。

5.3 空间的把握

（1）室内设计是一种空间的设计，是对已有建筑内部空间再创造的过程，解决空间与空间之间的分割、联系、衔接、对比、统一等问题。对空间而言，首先要把握好空间形态，对不合理的空间进行改善。

①偏高的空间可以通过扩展以加强其横向的感觉。

②偏低的空间可以加强其竖向感觉。

③窄小的空间可以扩大其空间效果。

④空旷的空间可以丰富其内容。

⑤异型空间可以使其规整化。

（2）空间也是一种表述功能、体现风格的一个方面。在把握整体风格的同时要考虑建筑的功能属性。例如影剧院的观众席、报告厅等都是大空间，这类空间对声音要求的特殊性，所以对建筑平面布局、功能关系的要求也比较高。

（3）人们的生活习惯和观念不断发生变化，导致室内空间各种功能的转变。如开放式的办公空间可以取代以前封闭式的办公空间。

5.4 效果的预想

（1）效果分为使用效果和视觉效果。前者是为了满足使用的要求，后者是满足感官的刺激。视觉效果很大程度上与设计风格有关，所以设计时尤其要注意整体感。

（2）设计师在设计之前要预测最终反映到实体上的总体效果，因此开始设计时就要注意不能偏离总体方向。

第三单元
室内设计项目分析

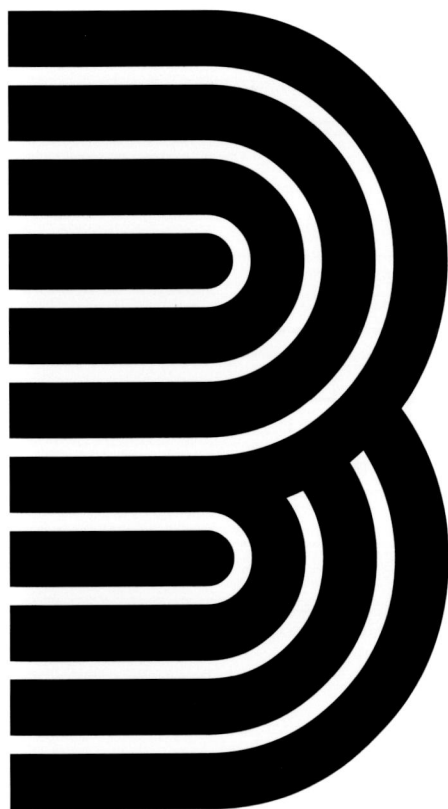

单元
提要

本单元主要描述了室内设计的主要内容，包括了空间、材料、照明、色彩、陈设等，并指导学生如何从这些内容入手形成和完善设计方案。

课时安排	讲授2学时，实训10学时
教学方式	课堂示范讲授，多媒体教学
目的与要求	①了解室内设计的项目内容 ②掌握室内设计的方法
重点	掌握室内设计的方法
难点	理解室内设计方法的运用
教学过程	理论讲述、示范→分析与讨论→课题实训→指导作业→讲评与总结
实训课题	①调研材料市场并收集相关资料，根据所调研的内容，制作一份PPT调研报告 ②根据已有办公空间设计方案制作产品和材料样本册

6 空间分析

6.1 空间的类型

室内空间可分为固定空间和可变空间两大类。由地面、墙面、顶棚组成的空间是固定的，为固定空间。在固定空间内，用隔断、家具、设备等对空间进行再划分从而形成了可变动的空间，为可变空间。

根据室内空间的功能，又可以划分为以下几种类型空间。

（1）封闭空间

这是建筑物构建后形成的原始空间形态。封闭空间被限定性的围护体包围，具有封闭性，可以避免互相干扰，适于私密性强的场所，如卧室、浴室（图6-1）。

（2）流动性空间

空间边界具有开放性，互相连通，界面之间相互分离、交错、穿插，随着人的视线移动，视觉效果不断变化，比如空间以屏风隔断、透空式的柜体、矮墙来分隔空间（图6-2）。

（3）虚拟空间

在界定的空间中，通过界面局部变化，如利用地面高差变化，利用吊顶和结构框架变化，利用地面图案变化、色彩变化或景观、陈设摆放而再次限定的空间，虽无空间边界，但对空间起着限定作用，如大厅中的就餐区与休息区（图6-3）。

（4）共享空间

相互独立的空间单元在垂直方向连接成一个整体的空间形成，是一种既集中又开放的室内空间，多用于大酒店、商业中心、火车站（图6-4）。

图6-1 封闭空间

图6-2 流动空间

图6-3 虚拟空间

图6-4 共享空间

6.2 空间的组织形式

空间通过平面布局实现，空间的结构主要有线性结构、放射性结构、格栅结构等。

（1）线性结构

线性结构是指以走廊为主，以直线、拆线、弧线逐个相连来表达的空间序列。多见于医院、办公空间、宾馆（图6-5）。

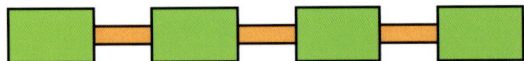

图6-5 线性结构空间

（2）放射性结构

放射性结构是指一定数量的一般空间围绕一个中心而构成的空间组合方式，多见于展示空间（图6-6）。

图6-6 放射性结构空间

（3）格栅结构

格栅结构是指单元空间呈格栅状的重复。多见于商业空间（图6-7）。

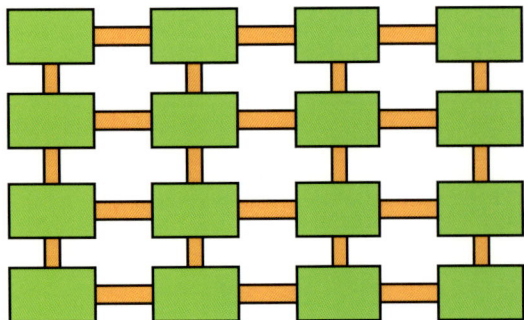

图6-7 格珊结构空间

6.3 空间的构思

（1）空间对比

空间对比是指通过空间大小、形状、开放与封闭程度、横纵方向摆设等差异化的设计使人产生不同的情绪（图6-8，图6-9）。

图6-8 大客厅与小餐厅（1）

图6-9 大客厅与小餐厅（2）

（2）空间的渗透与层次

空间的渗透与层次是指相邻的空间分隔时，用适当的方法使之相互连通，彼此渗透，增强层次感，例如引入室外景观，采用玻璃隔断等（图6-10，图6-11）。

图6-10 阅读室与打印室采用玻璃窗相隔

图6-11 小空间与大堂空间相互渗透

（3）空间的引导与序列

空间的引导与序列是指利用曲墙、楼梯指示性装饰、有方向性的标志引导人们沿着一定的路线从一个空间到达另一个空间（图6-12，图6-13）。

图6-12　通过楼梯从一楼上到二楼

图6-13　大面积的曲墙引导空间的流向

高等职业教育艺术设计类专业实践教材

7 材料分析

材料是室内设计的载体，选择材料是室内设计极为关键的环节。材料的使用不仅能实现室内设计的使用功能，而且能营造不同的情景、氛围。我们需要了解各种材料的基本特性和使用方法。

7.1 木材

木材有强度和重量比，可以用于家具及门窗、地板、墙面和天花板的构架和装饰。

（1）天然木材

天然木材种类主要有樟木、榉木、水曲柳、桦木、松木、杉木、枫木、胡桃木、樱桃木、柏木、檀木、乌木、竹藤等（图7-1）。天然木材质地精良，强度、硬度俱佳，韧性好，纹理自然，色彩柔和，易于施工，也便于维护（图7-2，图7-3）。

柚木	桦木
榉木	相思木
橡木	胡桃木

图7-1 常见木纹

图7-2 天花板采用实木板拼接而成

图7-3 竹子增添了展示空间的自然风格

（2）人造板材

除了天然木材以外，现代装修还大量使用利用木材的边角废料加工而成的人造板。人造板材通常要经过加工处理，使用的黏合剂中含有有害气体，会污染室内环境，特别要注意其质量标准。人造板材的种类包括：细木工板、胶合板、刨花板。

①细木工板。细木工板也称大芯板，以天然木条粘合成芯，两面贴上很薄的木皮（图7-4）。细木工板强度高、变形小、稳定性好、握钉力好，因而用途极广，是装修的主要材料，但含水率稍高，含有甲醛。

细木工板主要质量问题表现在：木料不合格，木料之间缝隙大，甲醛含量超标。选购时要注意品牌，其有害物质是否超过国家标准，要购买正规企业出产的。

②胶合板。胶合板也称夹板（图7-5），由三层或多层1mm的单板胶贴热压而成。按厚度其规格分为3、5、9、12、15、18厘板（1厘为1mm）。

胶合板强度高，抗弯性强，宜使用于需要承重的结构部位。选购中要注意面板质量，常见的缺陷有裂纹、虫孔、污痕、缺损、颜色不均、鼓泡、脱胶。

③密度板。密度板是以植物木纤维为主要原料热压成型的板材（图7-6），按其密度分为高密度板、中密度板、低密度板。这种板材材质均匀、不变形，主要用于强化木地板、门板、隔墙、家具等。

密度板主要质量问题是甲醛释放量和结构强度。

④刨花板。刨花板是将天然木材打碎后经高温高压加工而成的板材（图7-7）。刨花板具有平整、隔声、经济、环保、握钉力好等优点，但抗弯性、抗拉性较差，为家具的主要材料。

图7-4 细木工板

图7-5 三合板常用做覆面材料

图7-6 板式家具的主要材料

图7-7 办公家具的主要材料

7.2 石材

石材质地坚硬、不腐、不燃、耐压、不变形，但施工困难，易裂、易碎、不吸音。石材分天然石材和人造石材两种。

（1）天然石材

天然石材（图7-8～图7-10）的种类有：

①花岗岩：多用于内外墙及地面装修。

②大理石：多用于室内墙面，亦可用于雕刻。

③青石板：以蓝灰色为主，价格低、装饰效果强的天然石材。适于装饰墙面、地面。

④鹅卵石：多用于混凝土的结构材料，也可用于主墙和庭院装饰、铺砌。

图7-8 天然石材

图7-9 用于装饰墙面

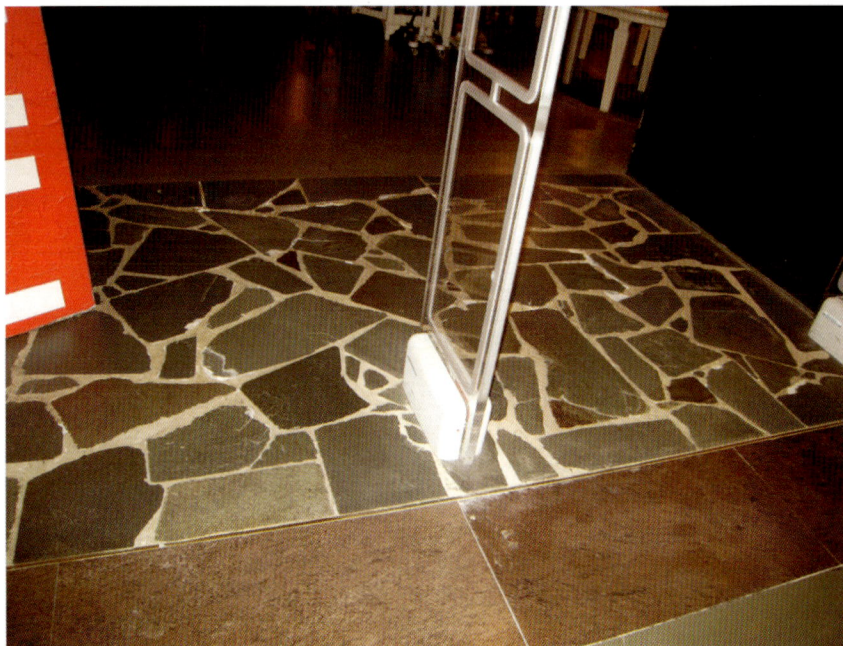

图7-10 用于装饰地面

（2）人造石材

人造石材（图 7-11～图 7-14）的种类有：

①人造大理石、花岗石：其花色模仿天然大理石、花岗石。其抗污力强，耐久性好，常用于铺设地面及台面。

②磁砖：硬度适中，防水性强，易于维护，是最常用的石材，用于铺设地面、墙面、台面。

③水磨石：可以在水泥等原料中加入不同颜色制成不同颜色和不同的花样图案的水磨石，常用来铺设地面、台面。

图7-11　马赛克图案墙砖

图7-12　常用于公共空间的地面铺设

图7-13　仿艺术磁砖常用于重点墙面装饰

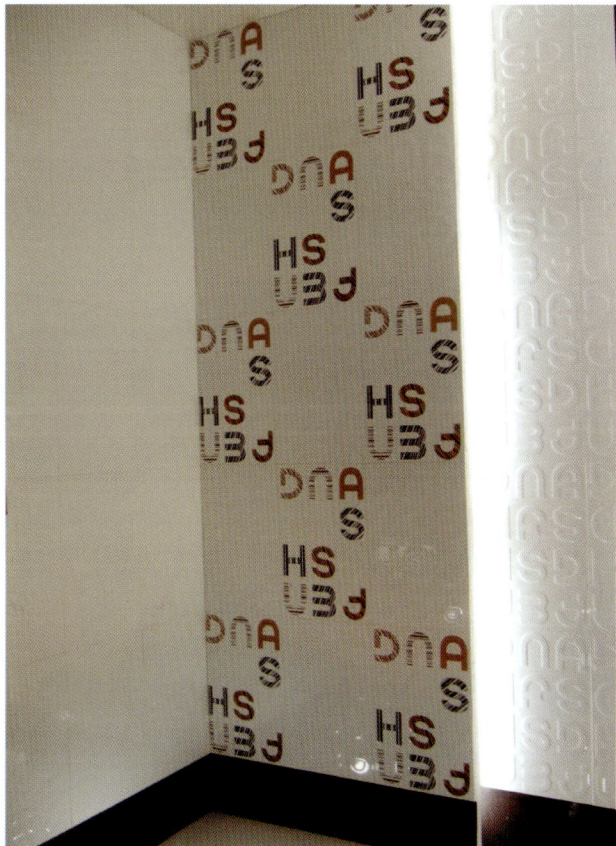
图7-14　卫生间的墙地面铺设

7.3 金属

金属质地坚硬、强度好，但易被腐蚀，难于加工。常用的有用做窗、平台的框架铝合金和用来做构件、装饰器物的不锈钢和青铜、黄铜（图7-15～图7-18）。

图7-15 铁板做成的展柜

图7-16 金属网做成的隔断

图7-17 不锈钢做成的酒架

图7-18 铝合金做成的室内天窗

7.4 玻璃

玻璃（图7-19～图7-23）的透明性好，透光性强。室内设计一般采用的玻璃种类有：

①普通玻璃板。主要用于门窗、墙面、顶面和家具，厚度从2mm～15mm不等。

②磨砂玻璃。表面粗糙，使室内光线柔和，图案多样。

③花玻璃板。为屏风、浴室、私密空间窗户采用，厚度为2mm～5mm。

④钢化玻璃。当玻璃破碎时呈圆钝的小碎片，不致伤人。厚度为2mm～6mm。常用于推拉门、窗。

⑤玻璃马赛克。用于内外墙饰面，大小、色彩不一。规格一般为20mm×20mm×4mm。

⑥玻璃砖。玻璃砖主要用于构筑装饰墙体，同时兼有玻璃共性。

图7-19 玻璃图案

图7-20 用于楼梯过道的玻璃砖

图7-21 用于展示空间的地面铺设

图7-22 卫生间的玻璃隔断

图7-23 卖场的玻璃橱窗

7.5 涂饰材料

涂饰材料用来保护表面和装饰作用，主要品种有（图7-24）：

①油性漆。硝基清漆，干燥快；聚氨脂漆，漆膜强韧，附着力强，耐水、耐磨、耐腐蚀。

②水性漆。如乳胶漆以水为稀释剂，安全、方便，可以调配出不同色泽。乳胶漆本身不含有甲醛等有毒物质。用于外墙的乳胶漆抗水能力更强，可以用于洗手间、厨房等室内潮湿地方，但内墙乳胶漆一般不可以外用。

③其他油漆。包括防火漆、防水漆、防腐漆等。

图7-24 涂料纹样

高等职业教育艺术设计类专业实践教材

7.6 其他材料

①电线。一般使用$2.5\,mm^2$的线,空调热水器用$4\,mm^2$的线(图7-25,图7-26)。

②水管。新型塑料管材替代了以往使用的镀锌钢管(图7-27)。

③水泥,砂子(图7-28)。

④防水材料。主要用于厨房、卫生间等需要防水的空间。

⑤钉子。普通圆钉、混凝土钢钉、排钉、汽钉、装饰钉等。

⑥五金件(图7-29)。常用的包括拉手、铰链、轨道等。

⑦壁纸(图7-30～图7-32)。常用于墙面装饰。纸基壁纸,不易变色,可以印成各种图案,便宜但不耐水,易断裂;织物壁纸,强度较好,高雅,柔和;仿真塑料壁纸,模仿砖、木材等天然材料的编法和质感。

⑧地毯(图7-33～图7-35)。常用于地面铺设,有吸尘、吸音等特点。

⑨石膏板(图7-36,图7-37)。质轻、绝热、防火、吸声、易加工,用于吊顶、隔墙。

图7-25 水电改造是隐蔽工程

图7-26 电器功率大小决定电线的粗细

图7-27 PVC水管

图7-28 水泥、砂子常用于室内铺砖、砌墙、墙地面找平

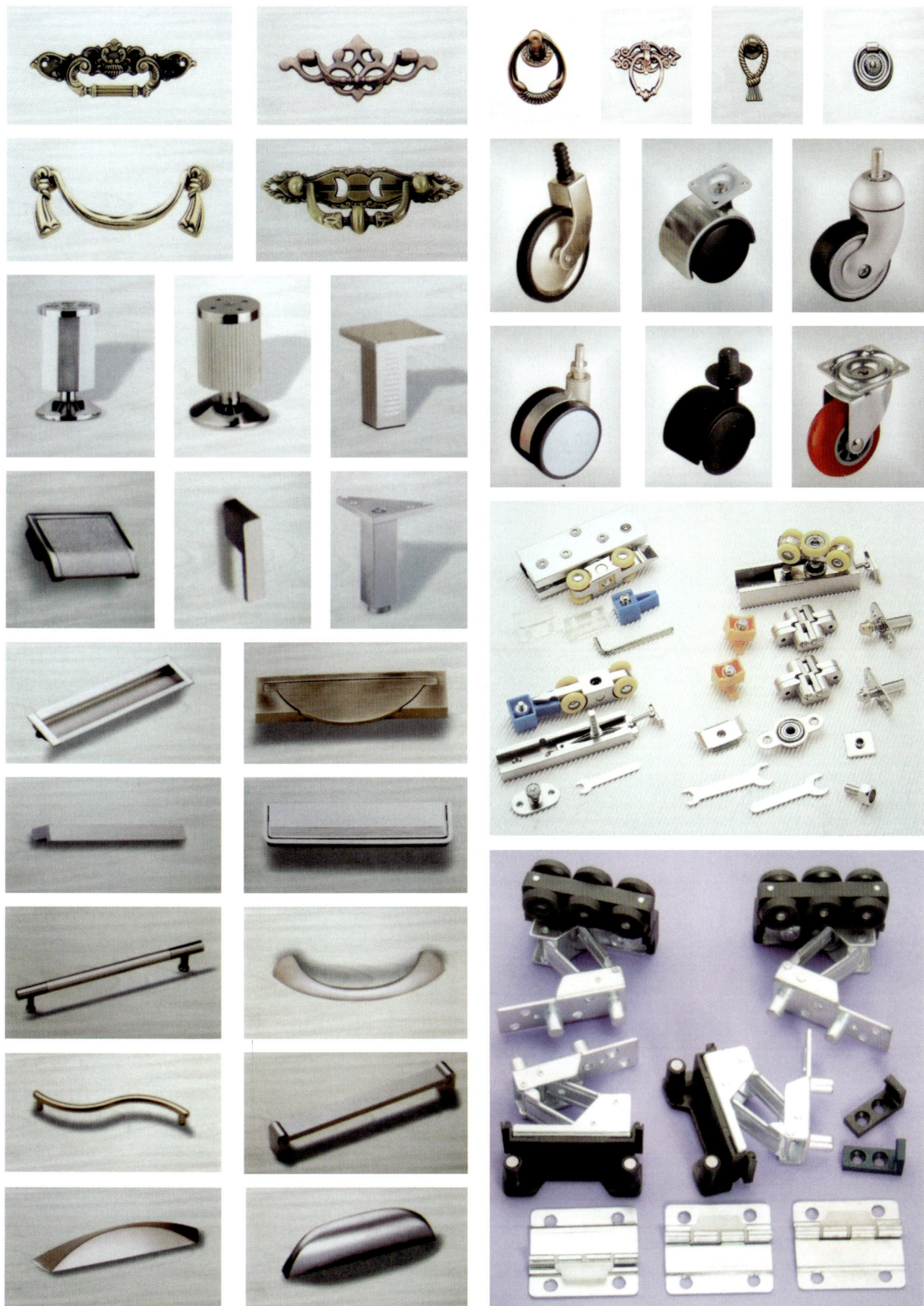

图7-29　五金件

图7-30 壁纸图案

图7-31 不同图案、颜色的壁纸搭配

图7-32 织物壁纸

图7-33 地毯纹理

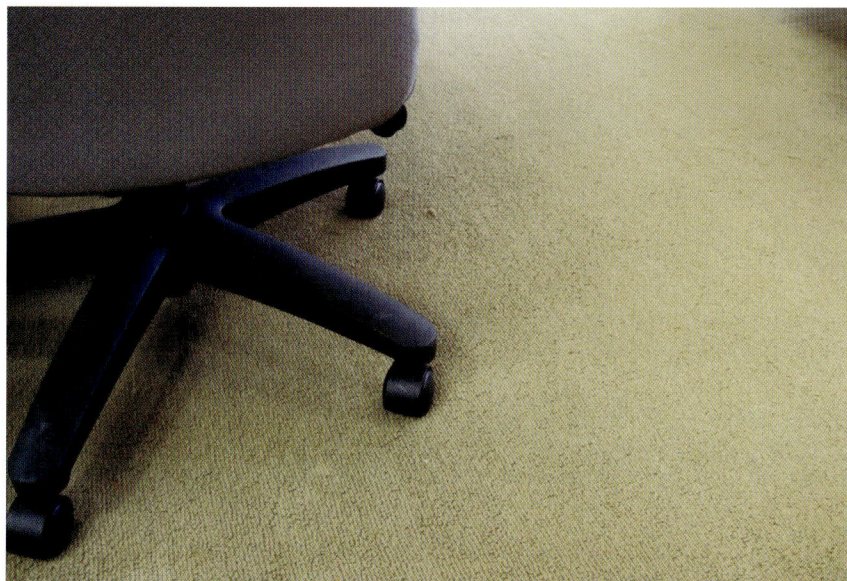

图7-34 办公室地毯风格稳重、素雅

图7-35 酒店地毯风格喜庆

图7-36 木龙骨石膏吊顶

图7-37 轻钢龙骨石膏吊顶

图8-1 背景色彩

8 色彩分析

室内色彩设计需要综合考虑室内空间的采光性、功能、用户的偏好和心理需求。

8.1 色彩的分类

①背景色彩。指墙面、门窗、天花板、地板等大面积的色彩，彩度宜低（图8-1）。

②主体色彩。指家具、窗帘、地毯、布艺的色彩，可以由背景色彩衍生亦可为其互补色，可以强烈一些（图8-2）。

③点缀色彩。指摆设品的小面积色彩,色彩可以更为强烈（图8-3）。

图8-2 暖黄色为客厅的主体色彩

图8-3 点缀色彩

8.2 色彩的运用

①和谐色。包括同种色彩不同色调的组合（如植物不同深浅的绿叶颜色，不同深浅的红色）和相近色相的色彩组合。和谐色用来平衡色彩，使色彩组合给人以和谐、欢悦的感觉（图8-4）。

②对比色。色彩的对比能够形成高强度的视觉刺激（图8-5）。

③互补色。由一组在和谐范畴中的对比色组成。为了表现一款出色的强对比色彩方案，可降低其他一种或全部色彩的色调，或用中性色、相近色将其区分（图8-6）。

图8-4　和谐色

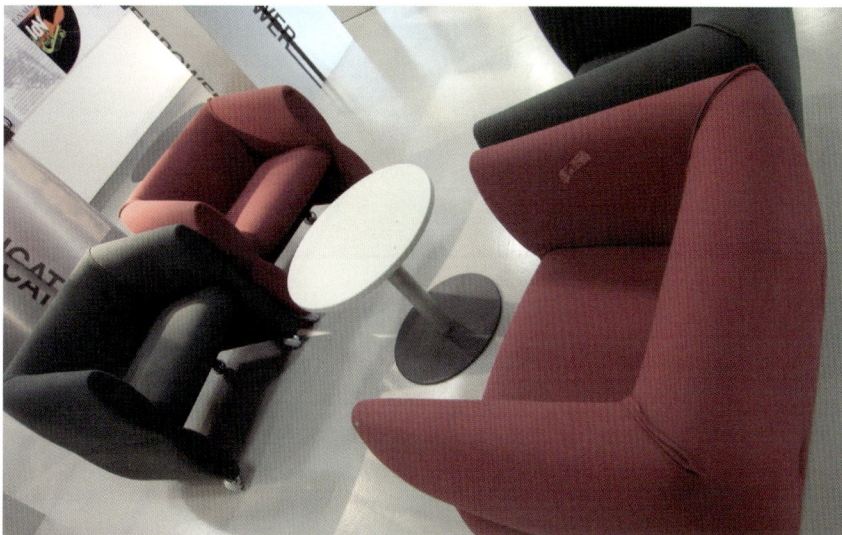

图8-5　对比色

图8-6　互补色

8.3 室内色彩设计方法与步骤

室内色彩设计就是设计色彩的统一与变化(图8-7),其方法与步骤如下:

①根据室内设计风格确定室内色彩主调。整个室内空间的氛围是通过主调来体现的,主调应贯穿整个室内空间。主调的确定与室内设计的表现主题是一致的。比如设计一个充满活跃、热情感受的室内空间就可以用红色等暖色作为主调。

②各室内空间的色彩协调统一。可以将同一色彩或同一色系用到关键性的几个部位上去,相互呼应,取得视觉联系,使室内空间色彩形成统一的整体感。

③加强局部小面积点缀色彩。点缀色彩面积虽小,但可起到画龙点睛的作用。

图8-7 室内色彩的统一和变化

9 照明分析

室内照明设计要兼具功能和美学意义。良好的照明设计方案可以改善和提升室内环境，体现强化设计方案，满足人们视觉功能需要，有利于人们的工作、学习、休闲、娱乐。

9.1 主要灯具种类

灯具的款式、规格、种类繁多（图9-1）。主要种类有台灯、吊灯、壁灯、吸顶灯、射灯、筒灯、落地灯、格栅灯等（表9-1）。

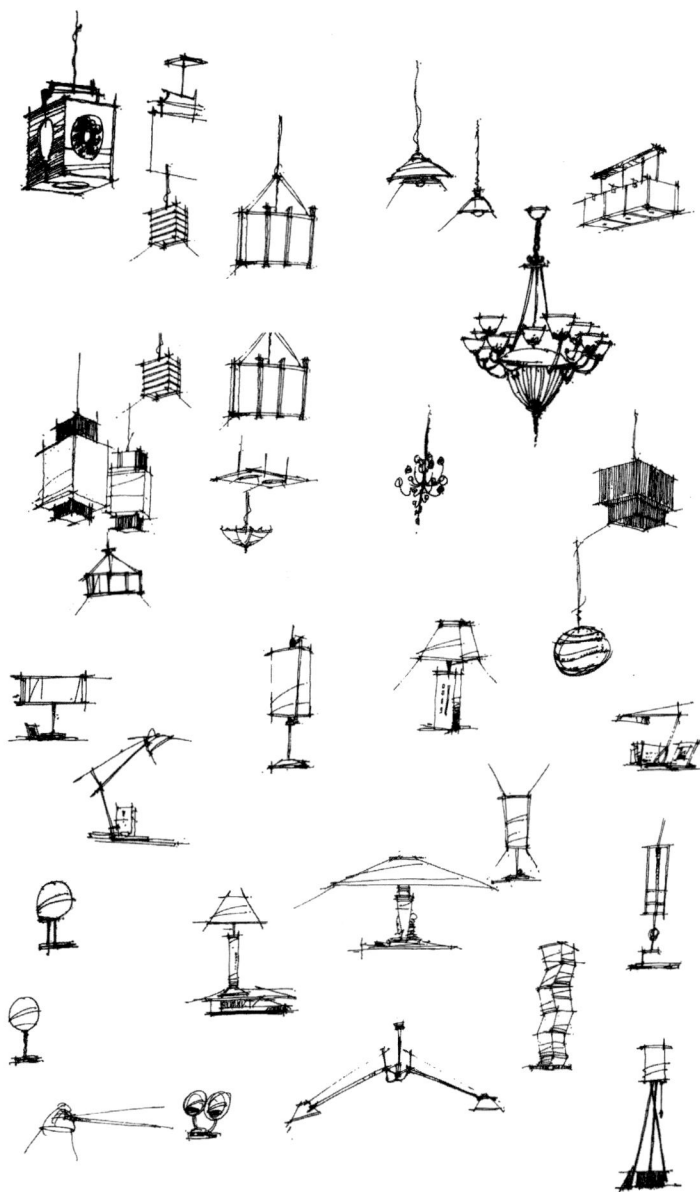

图9-1 灯具种类

表9-1 灯具种类及特点

种类	特　　　点
筒灯	安装在天花板内，是一种隐藏式灯具，光线往下投射。一般装设在吊顶上。
射灯	光线集中，装饰效果强。射灯分为下照射灯和路轨射灯。
吸顶灯	灯具上部较平，紧靠顶棚安装，多以乳白玻璃为散光罩材料。
吊灯	垂吊在天花板下方，兼具照明、装饰双重作用。
格栅灯	适合安装在有吊顶的写字间。分为嵌入式格栅灯和吸顶式格栅灯。
壁灯	装设在墙壁上，光线柔和。
落地灯	一般由灯罩、支架、底座组成，造型优美。
台灯	放置在工作台、书案上，光是可以调节的，光质应柔和一些。

9.2 室内照明系统

根据空间性质和使用要求，室内照明分为基本照明、局部照明、重点照明。对照明的一般要求包括：

①基本照明要求均匀一致（图9-2）。

②局部照明要求在较小区域内提供高亮度照明（图9-3）。

③重点照明则强调视觉焦点如餐桌、艺术摆设区域（图9-4）。

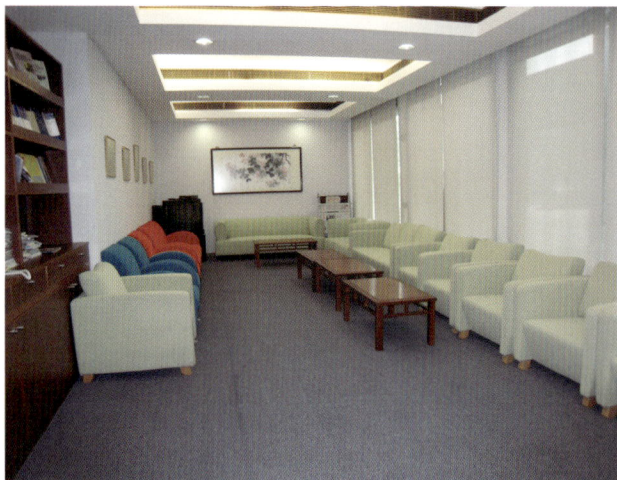

图9-2 基本照明

图9-4 重点照明

图9-3 局部照明

9.3 室内照明设计方法与步骤

①首先明确室内照明目的及用途。例如：商场和办公空间照明目的及用途就各不相同，同样是办公空间其工作区域和会议室的照明设计也各不相同。

②确定适当的照度。

③光源、照明灯具的选定。

④照明灯具的配置。室内照明设计应考虑如何合理分布光线，满足室内空间跟照明的整体感。

10　室内陈设分析

室内空间内墙面、地面、顶面六个界面之外都可以都称为陈设（图10-1）。

10.1　室内陈设分类

①功能性陈设，指具有一定实用功能又有一定装饰作用的陈设，包括家具、器皿、灯具等。

②装饰性陈设，指没有实用功能而纯粹具有观赏性质的陈设，包括雕刻、工艺品等。

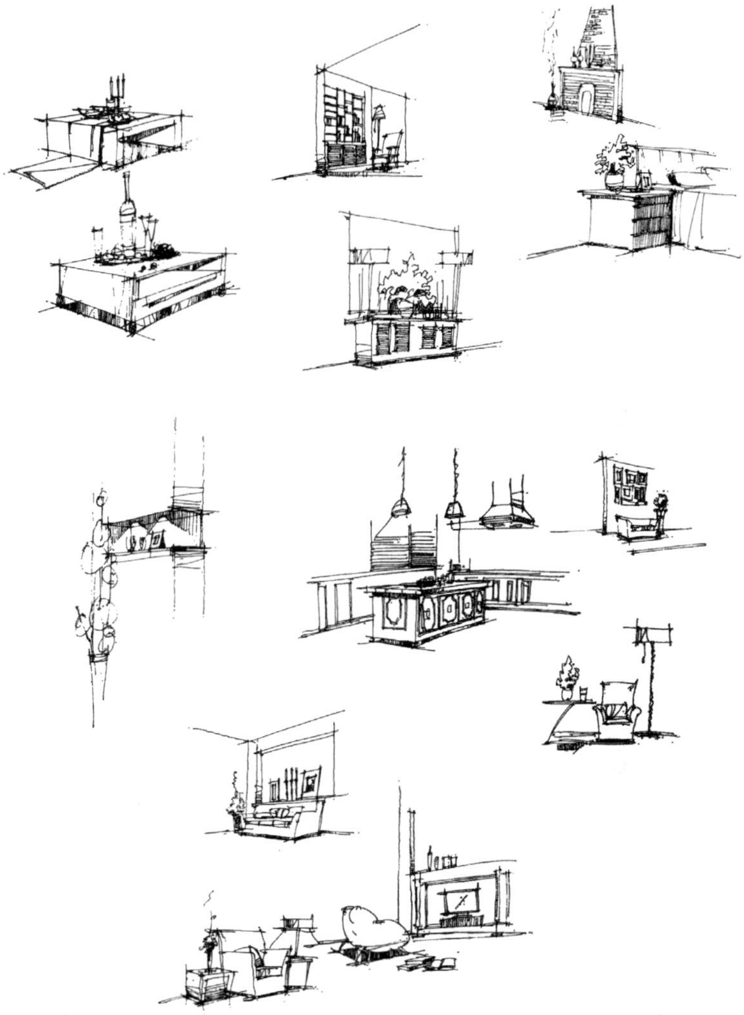

图10-1　室内陈设

055

10.2　室内陈设的设计原则

室内设计的陈设原则主要包括：

①陈设与室内空间的设计风格应做到和谐统一、匹配。

②陈设的造型、色彩质地各不相同，但要做到主从关系明确，重点突出。

③陈设应充分反映用户的偏好。

④特别是公共空间要充分反映社会礼仪伦理秩序。

11 绿色植物分析

室内绿化可以净化空气，美化环境，还起到柔化空间的作用，对室内外空间起过渡延伸作用。应当根据室内温度、湿度、采光、通风、环境条件以及植物的尺度、形状、色泽、生长条件科学合理地进行室内绿化设计（图11-1）。

11.1 常见室内植物

常见室内植物品种包括：吊兰、常春藤、虎尾兰、龙舌兰、芦荟、绿萝等（如表11-1）。

表11-1 常见室内植物及特性

品　种	特　性
吊兰	吊兰是传统的室内悬垂观叶植物，而且也是一种良好的室内空气净化植物。吊兰能吸收有毒气体，有"绿色净化器"之称。吊兰可在室内盆栽观赏，也可以悬吊于窗前、墙上、家具顶部。
常春藤	常春藤是常见的室内观叶植物，能吸收有害气体、细菌、灰尘等，具有减少日光反射，降低气温的作用。
虎尾兰	虎尾兰能适应各种恶劣的环境，适合庭园美化或盆栽，为高级室内观叶植物。一盆虎尾兰可吸收10平方米左右房间内80%以上多种有害气体。
龙舌兰	龙舌兰叶片坚挺、常青。常用于盆栽观赏，适用于布置庭院和厅堂。
芦荟	芦荟四季常青，是多肉类观赏植物。它能在夜间吸收空气中的二氧化碳，保持室内夜间空气清新，被认为是环保型室内绿化植物。
绿萝	绿萝缠绕性强，可以攀附于用棕扎成的圆柱上，也可培养成悬垂状，是一种较适合室内摆放的花卉。绿萝能吸收室内的有毒气体，散发氧气，对人体健康非常有利，能起到美化环境的作用。

图11-1 室内植物

11.2 室内植物的配置方法

根据室内空间特性，常见配置植物的方法如下：

（1）单植
单植适宜于室内近距离观赏。植物造型、色彩要求优美、鲜明。单植多用于视觉中心或空间转角处（图11-2）。

（2）对植
对植是指植物相互对称布置，可以是单株对植或组合对植，常用于入口处、楼梯及主要活动区两侧（图11-3）。

（3）群植
　　群植包括同种植物组合群植和多种植物混合群植两种。同种植物组合群植可以充分体现其植物特性。多种植物混合群植配置时要求错落有致，有层次感（图11-4）。

图11-2 单植

图11-3 对植

图11-4 群植

12 制作产品和材料样本册

制作一本产品和材料样本册，通过展示材料样本或产品图片，能够使你的设计方案更加生动形象，能激发用户对设计形成真实感受。

12.1 产品和材料样本册内容

产品和材料样本册内容包括：

①产品图片。产品图片可以表现室内设计的风格和功能性。

②材料样本。材料样本可以完全真实地表现材料的色彩、肌理、纹路等特性。

③通讯录。记录产品和材料经销商的资料。尽可能把联系人和联系方式写得翔实。

12.2制作产品和材料样本册的方法

①先把产品图片和材料样本进行归类，再装订成册(图12-1)，如家具、灯具、家电产品、装饰品、油漆、地板等，并加入适当文字说明。

②向用户介绍设计方案时应准备好产品资料和材料样本，推荐多个产品资料和材料样本，以供用户选择。

图12-1 产品图片和材料样本归类成册

单元
提要

第四单元
室内设计项目定位

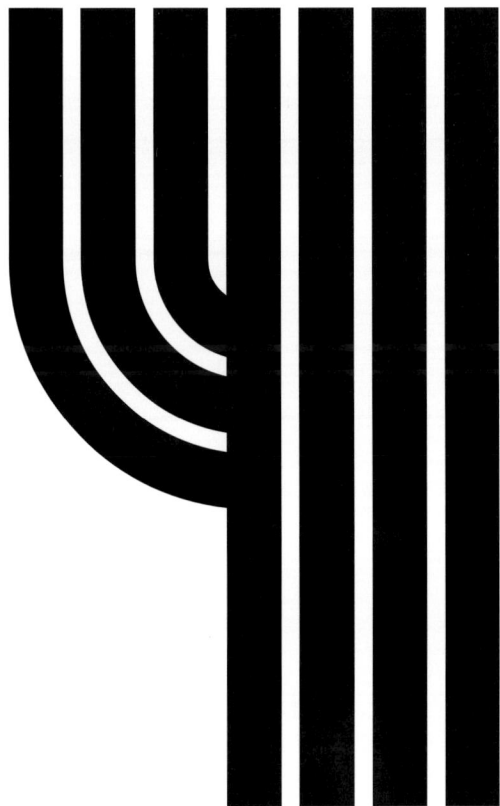

本单元主要阐述室内设计项目定位，重点是掌握创意构思与绘制草图方案。

高等职业教育艺术设计类专业实践教材

课时安排	讲授2学时，实训10学时
教学方式	课堂示范讲授，多媒体教学
目的与要求	①了解室内设计的项目内容 ②掌握室内设计的方法
重点	掌握室内设计的方法
难点	理解室内设计方法的运用
教学过程	理论讲述、示范→分析与讨论→课题实训→指导作业→讲评与总结
实训课题	以小组为单位，为200㎡的餐饮空间进行定位设计

13 现场勘测

13.1 勘测项目

设计前要求对项目做现场勘测，勘测的项目有：

①校对用户交给的平面图或重新进行测量，各空间的长度、宽度、高度、门窗位置、高度、形状（图13-1）。

②标注各空间的方位、朝向、日照、风向、视野。

③标注室内外的色彩。

④标注承重墙、剪力墙、梁柱的位置和尺寸，注意异形结构。

⑤标注管、线、孔的位置和尺寸（图13-2～图13-4）。如水管、煤气管的进出口、厨房的排风口、有线电视的插口、空调眼、电话线进出口、对讲器、排水口、卫生间的坑位等。

图13-1 标注门窗位置及尺寸图

图13-2 标注煤气管道位置

图13-3 排风管道位置

图13-4 下水道位置

13.2 勘测的步骤和方法

①准备工具。先准备好记录本、速写簿、铅笔、橡皮、卷尺等工具。

②画草图。测量前徒手画出大体符合比例的平面图、立面图、剖面图。画草图时，要预留出构件细节的位置。

③添加测量数据。测量后随时做出记录。先测量总体尺寸，再测量构件细节尺寸，单位一律使用 m 或 mm。徒手画图时，尽可能使用测量专用纸或坐标纸，图上标注文字方向与测量时站立面一致。

14 创意构思与绘制草图方案

14.1 创意构思

创意构思主要包括下面几个步骤：

（1）脑力振荡（Brainstorming）

选取几个与设计项目特征、功能、美学方面需求有关的关键词。找出关键词的准确含义，记录下来，回忆已见过的场景图像并进行想象。想象时要保持一种创造性的、开放性的思维，不时与已获得的灵感、创意联系起来，反复比较，记录下来这些词语与想象的关系（图14-1）。

图14-1 脑力振荡

（2）词语图片化

一方面把一些典型、精彩的图片用简明的词语去解释，另一方面又要将既定的关键词图片化，即用图片去表达词语。这是可以适当增删、修改既定的关键词，使之更加准确地表达设计，扩展、丰富设计思路。

（3）制作设计思路板

把上述关键词、图片记录、拼贴在设计思路板上。要把不同的造型、材料、形状、色彩进行各种组合，排列组合后进行分析、比较，确定后进行简易装裱（图14-2）。

（4）展示设计思路表

向用户、同事展示设计思路板，进行交流，虚心听取他人意见，再做适当修改画出草图。

图14-2 制作设计思路板

14.2 草图方案绘制

草图包括平面布置图、立面图、手绘效果图。

（1）绘制平面布置图

平面图主要是表示室内设计的功能布局，平面布置图是室内设计方案的关键，其内容包括空间大小、家具的摆放和安装位置（图14-3）。

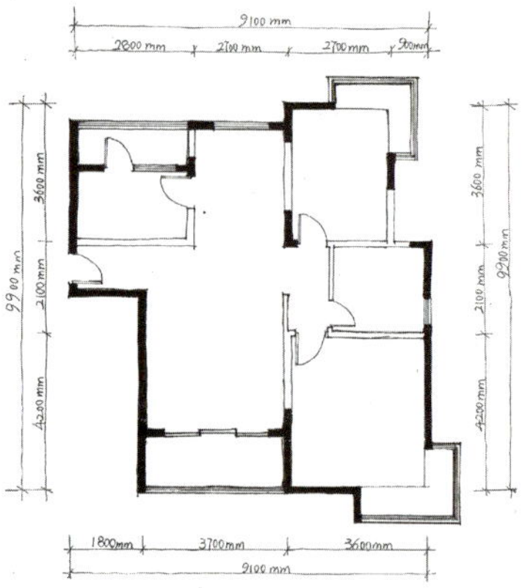

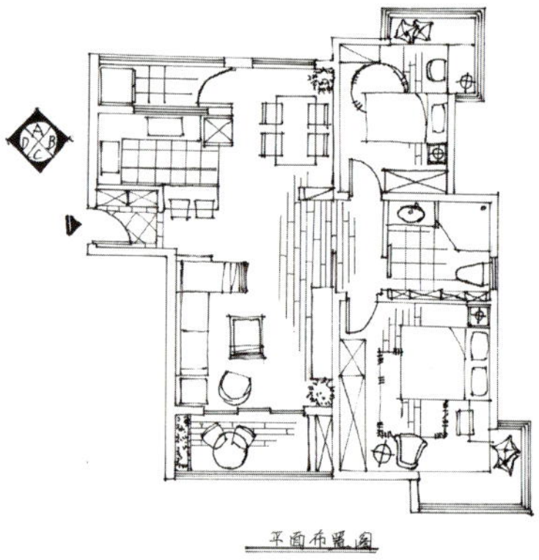

图14-3 平面布置草图

（2）绘制立面图

立面图主要是用于表现室内空间墙体立面形象构思。立面图是重点绘制室内主要装饰面，例如主题墙等主装饰墙体（图14-4）。绘制的内容包括：

①剖切后所有能观察到的物品，如家具、家电等陈设物品的投影；

②室内空间立面尺寸；

③墙面立面装饰材料的材质、色彩与工艺要求；

④墙体立面上装饰物的样式、尺寸及摆放位置。

图14-4 立面草图

高等职业教育艺术设计类专业实践教材

（3）绘制手绘效果图

手绘效果图是采用手绘表现技法快速的绘制室内三维效果图（图14-5，图14-6），其特点是快速、立体，接近真实效果。通过手绘效果图介绍设计方案，便于与用户沟通并修改和完善方案。现在绘制效果图使用较多的工具是水彩笔和马克笔。

图14-5　效果草图

图14-6　效果草图

高等职业教育艺术设计类专业实践教材

15 制作草图模型

通过制作草图模型，展现模型中的材料、肌理，可以直观地看到设计方案的效果（图15-1）。

图15-1 草图模型

制作草图模型步骤与方法如下：

①准备工具和材料。基本的制作工具有：工具刀和刀片、直尺和直角尺、胶水或专用黏合剂等。把握刀具时要注意安全，特别是用力滑动切割时。使用胶水时注意室内通风，防止吸入有害气体。常用的材料有：厚卡片、泡沫板、软木、金属片等。可以大胆尝试各种不同的材料制作模型。

②先搭建主体框架，再添加嵌入其他构件，突出细节特征。

③制作。灵活地使用折叠、剪切卡口以便拼装，可以使用搓捻、盘卷、撕、折、合、粘接等方法制作模型。

④模型的制作与草图的比例尺保持一致。可以按不同的方案制作多个模型以便对比。

单元提要

第五单元
室内设计项目实现

本单元从制图类型、方案设计手绘图、制作方案模型、最终方案设计施工图四方面讲述了室内设计项目表现的方式。

16　制图类型

课时安排	讲授4学时，实训10学时
教学方式	课堂示范讲授，多媒体教学
目的与要求	通过研究室内设计制图的分类，引导学生了解和掌握室内设计的过程，培养室内设计能力
重点	掌握制图类型的基本内容
难点	掌握制图的各种分类
教学过程	理论讲述、示范→分析与讨论→课题实训→指导实训→小结
实训课题	分析室内设计制图的内容和分类，收集资料，分析资料

　　为了沟通方便，设计师通常制作两种类型的表现图。一种是用于设计师与同业者之间交流的"专业语言"，称为施工图。另一种是设计师与外行人士(甲方、业主)交流的"通俗语言"，称为效果图。所以我们的制图表现就是主要绘制两种图：施工图和效果图。

16.1 效果图

　　效果图又称彩色透视效果图，是设计师将色彩敷于透视图之上，使设计无论从空间、尺度、质感、色彩上都能准确、直观地表现在纸面上的一种制图方法（图16-1，图16-2）。

图16-1　某家居效果图

图16-2　某大厅效果图

16.2 装饰施工图

装饰施工图的图示原理与建筑施工图一样，用正投影方法按照国家建筑标准绘制。装饰施工图着重表达装饰设计、结构、尺度、构造、材料、色彩与做法，装饰施工图的内容一般包括室内装饰平面布置图、地面装饰平面图、室内各向立面图、顶棚平面图以及表达装饰部件和装饰面的某个具体部位详细构造做法的装饰详图等。

（1）室内平面布置图

装饰施工图中，首先要确定的是室内平面布置图，它是在建筑平面图的基础上按照设计要求画出的。它用以表明室内总体布局以及各装饰件、装饰面的平面形式或大小、位置情况、交通流线及其与建筑构件之间的关系等。若地面装饰较为简单，可在本图中一并表达，不必另做地面装饰平面图（图16-3）。

室内平面布置图的图示内容有：

①表现出建筑结构与构造的平面形式和基本尺寸。

②表现出室内装饰功能布局的平面形式和位置，包括：

a. 地面的饰面材料名称、规格和颜色（比较复杂的地面装饰应另绘制地面装饰平面图）；

b. 室内装饰件和装饰面的平面形式尺寸（即长与宽或圆弧半径、直径等尺寸）；

c. 家具、设备、陈设品和花卉的摆放位置及交通流线；

d. 卫生间和厨房的主要洁具、橱柜、操作台及其他固定设备的位置和轮廓形状。

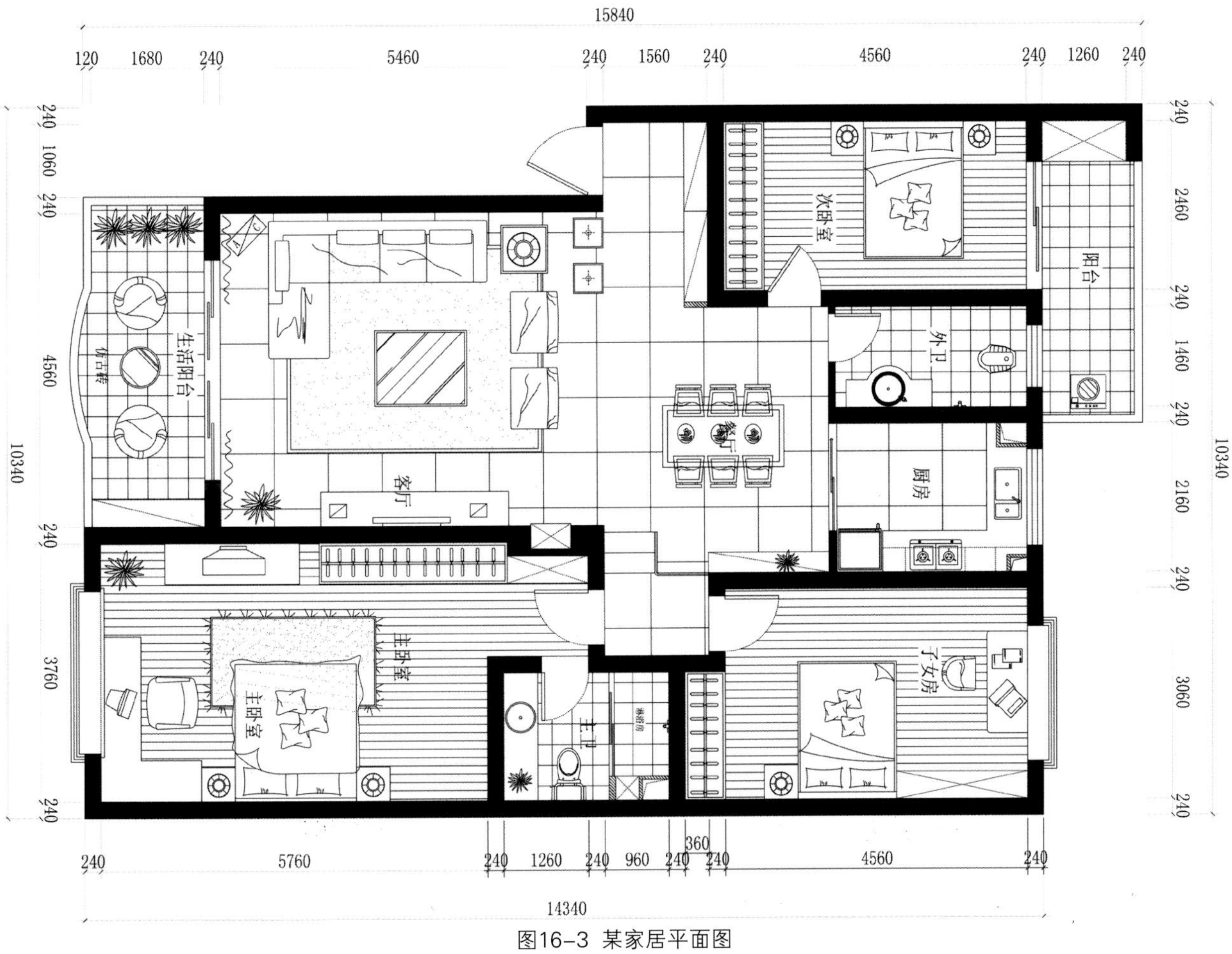

图16-3 某家居平面图

（2）地面装饰平面图

地面装饰平面图是在装饰平面图的基础上绘制出来的，用以表达地面材料及铺贴施工以及地面造型的形状与尺寸（图16-4）。

地面装饰平面图的主要表现内容有：

①定位轴线、墙、柱、门口、室内固定设施和地漏等。

②地面装饰面原材料的名称、规格与颜色。

③块材切式、拼花图案、施工方向顺序、复杂图形应绘制平面图，并在平面图中标注索引符号。

④标注室内净尺寸和轴线间距。

⑤注写标高、坡度方向和坡度值。

⑥对材料和施工工艺的文字说明。

⑦图名和比例。

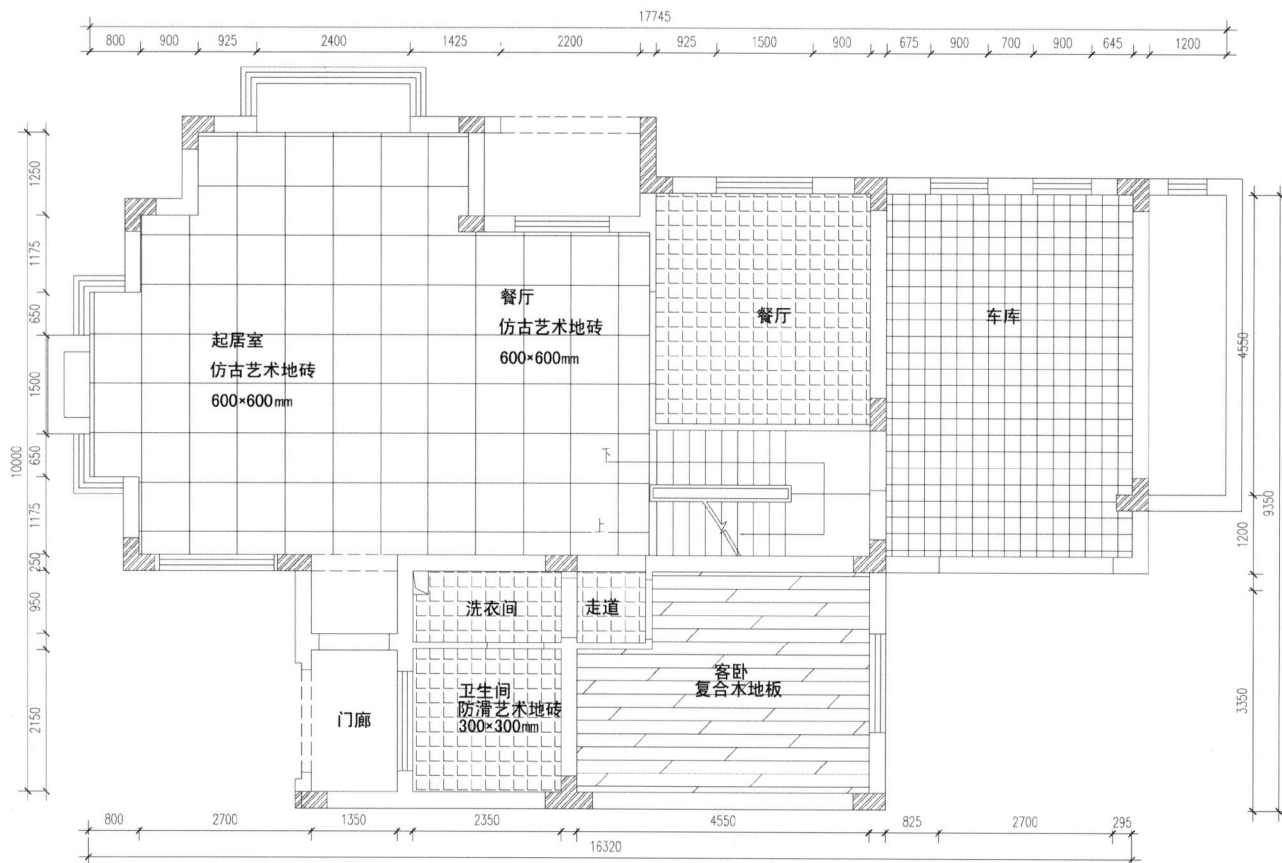

图16-4 地面装饰平面图

（3）顶棚装饰平面图

顶棚平面图是将房屋沿水平方向剖切后，用正投影法绘制而得的图样，用以表达顶棚造型、材料、灯具及空调、消防的位置。它是室内装饰最复杂重要的组成部分（图16-5）。

顶棚平面图要表现的内容是：

①表示建筑物主题的平面形状及其基本尺寸：

a. 轴线及其编号。

b. 墙、柱体、门、窗口的位置。

c. 轴线间距尺寸，室内净空尺寸。

②表现顶棚的装饰造型、构造做法、材料及尺寸：

a. 吊顶的形状造型及迭级、藻井、饰线造型等的形状及其定型、定位尺寸、各级标高、构造做法和材质要求。

b. 灯饰类型、规格、数量及其定位尺寸。

c. 有关附属设施（空调系统的封口、消防系统的烟感报警装置、电视音响系统的有关设备）的外露件规格和定位尺寸等。

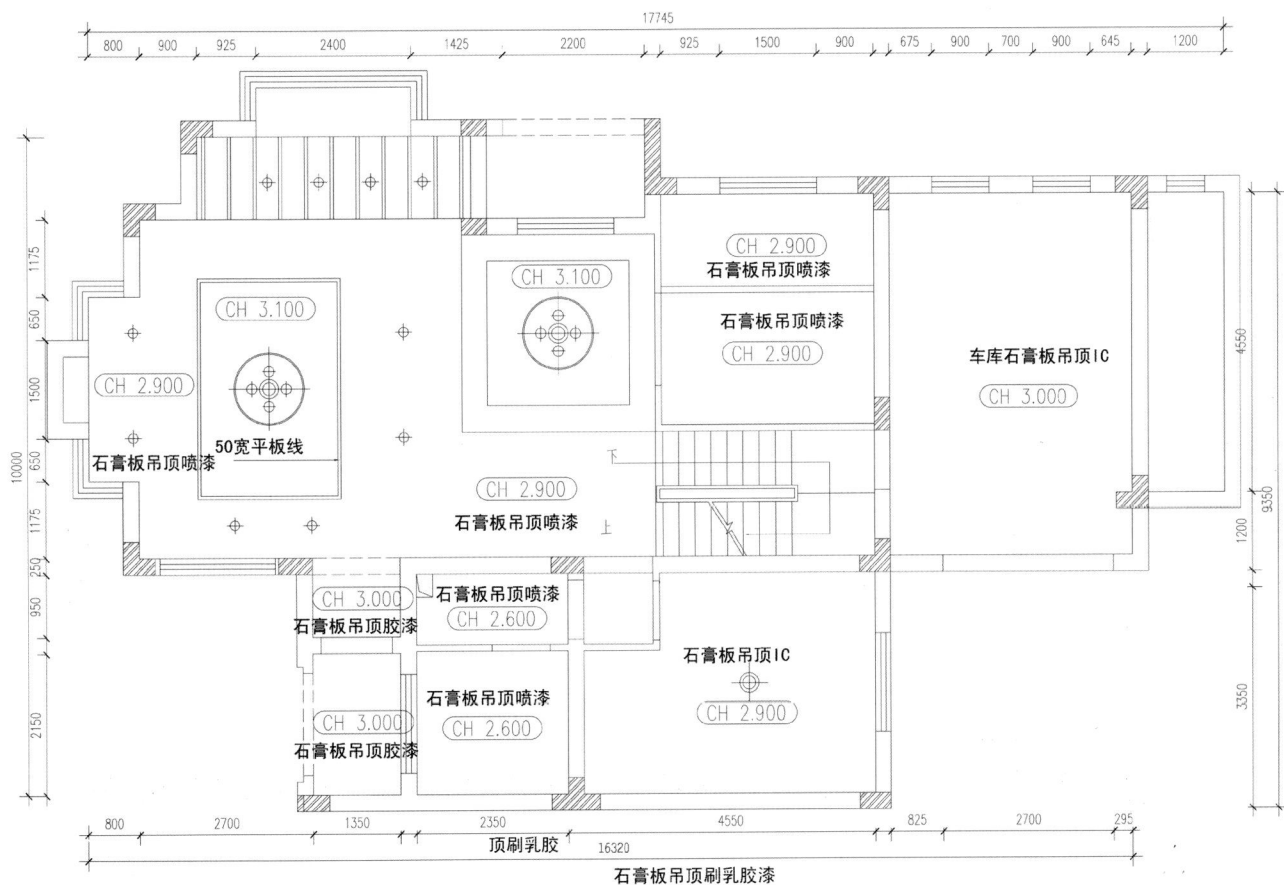

图16-5　天花布置图

（4）室内装饰立面图

室内装饰立面图是用来反映室内墙、柱面的装饰造型、材料价格、色彩与工艺以及反应墙、柱与顶棚之间相互联系的图样。室内立面图可以仅对地面以上、吊顶以下的墙，柱面做正投影而得。这种立面图画法简单，能重点突出立面装饰内容。室内立面图应按照不同室内空间的不同方向作图。各向立面图宜画在同一图纸上，甚至把相邻的立面图连接起来，以便展示室内空间立面的整体布局。室内立面是以投视方向面图表示。立面图的剖切位置宜在顶面图中表示。顶棚平面图上的剖切符号的投视方向与编号应与平面图的立面图索引符号相吻合，与立面图名编号相同，即 A 向立面图是依 A-A 剖面而得来的。为了便于墙面的装饰施工，立面图上一般不画出可移动家具的布置情况，以免遮挡装饰面的图样（图 16-6）。

室内装饰立面图的图示内容是：

①表现出室内建筑主体的立、剖形状的基本尺寸。

②画出吊顶的位置和构造情况。

③画出墙（柱）面装饰造型式样与构造做法。

④图名与比例（图 16-7，图 16-8）。

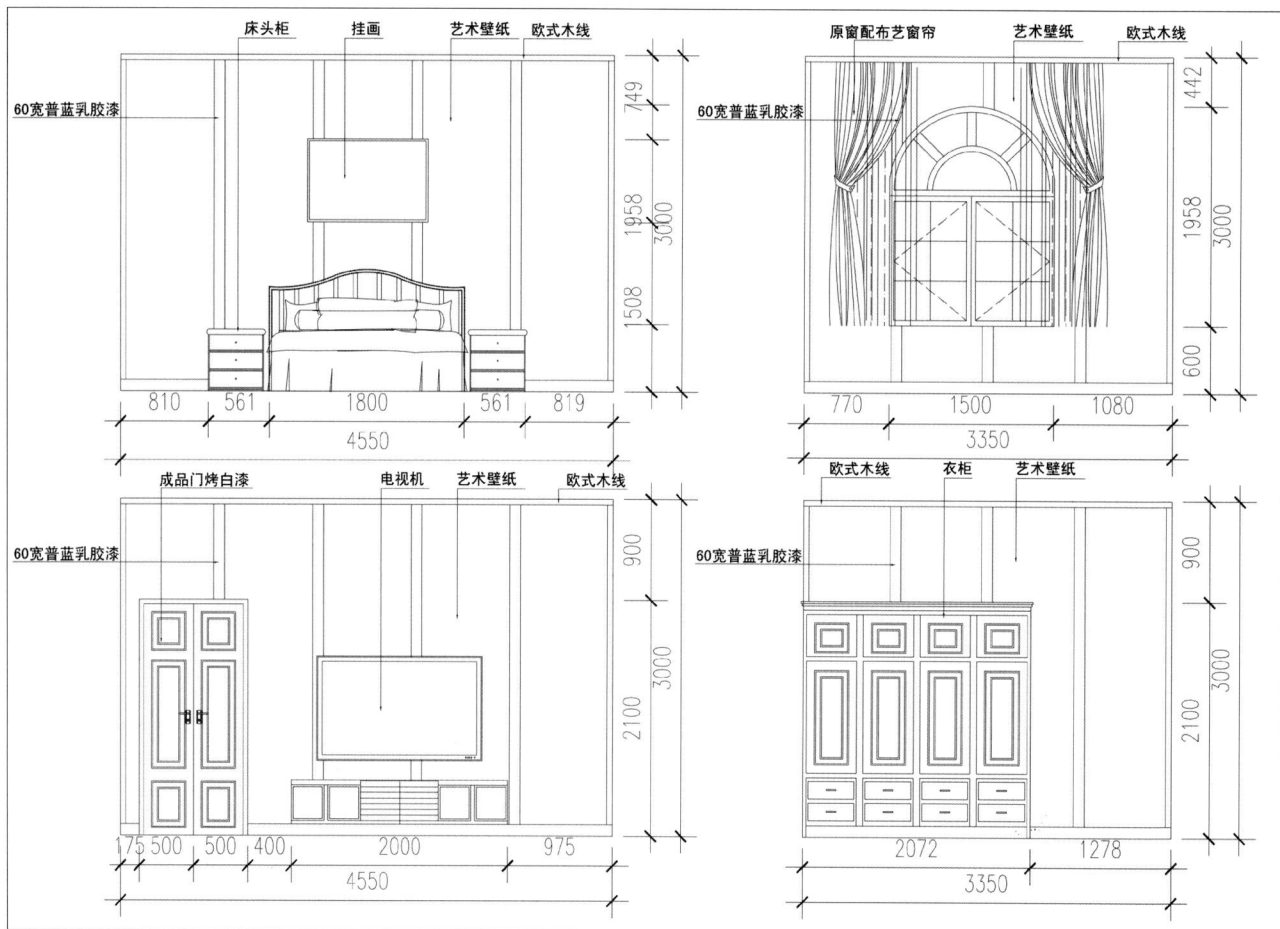

图16-7 某卧室立面图

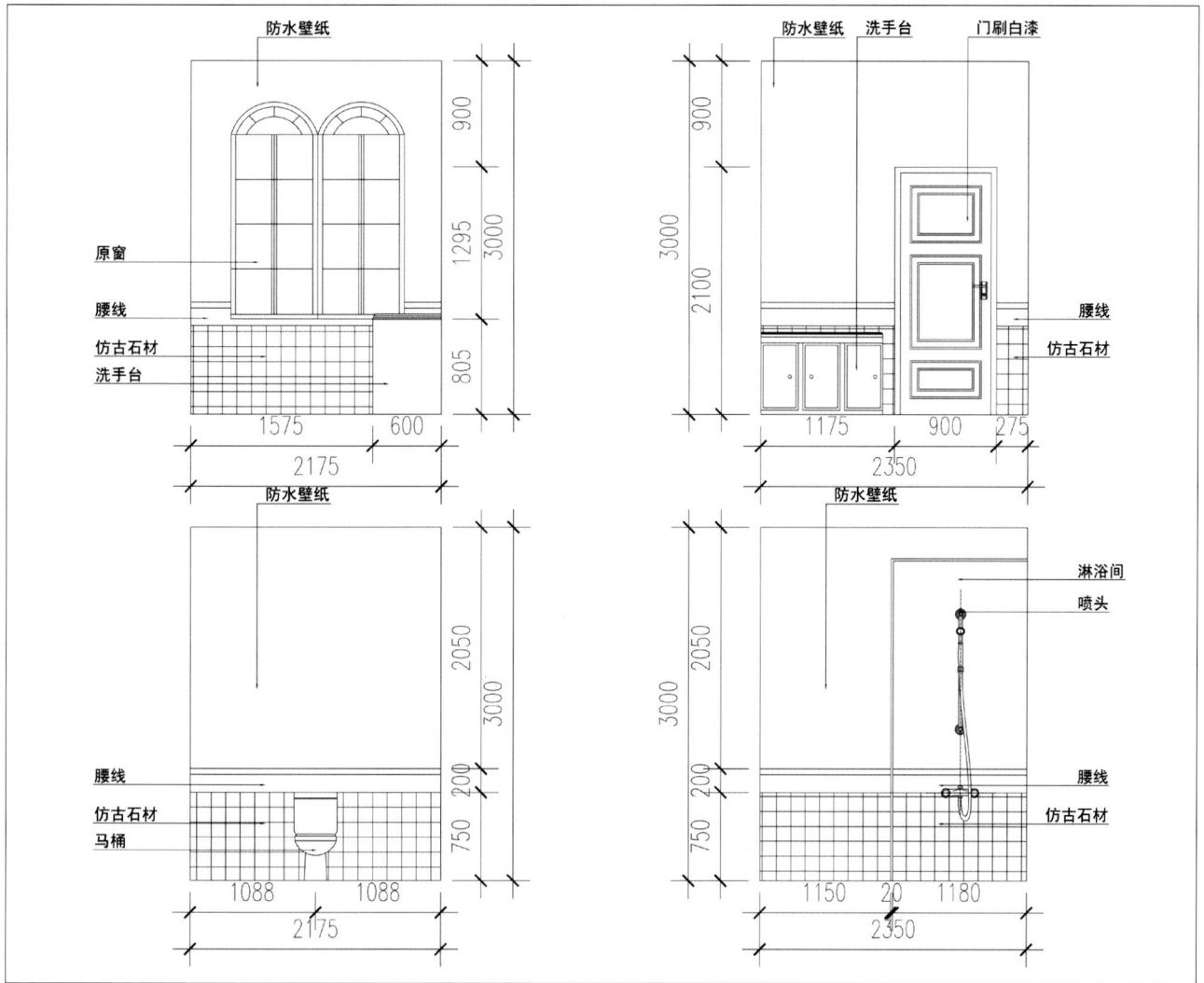

图16-7 某卫生间立面图

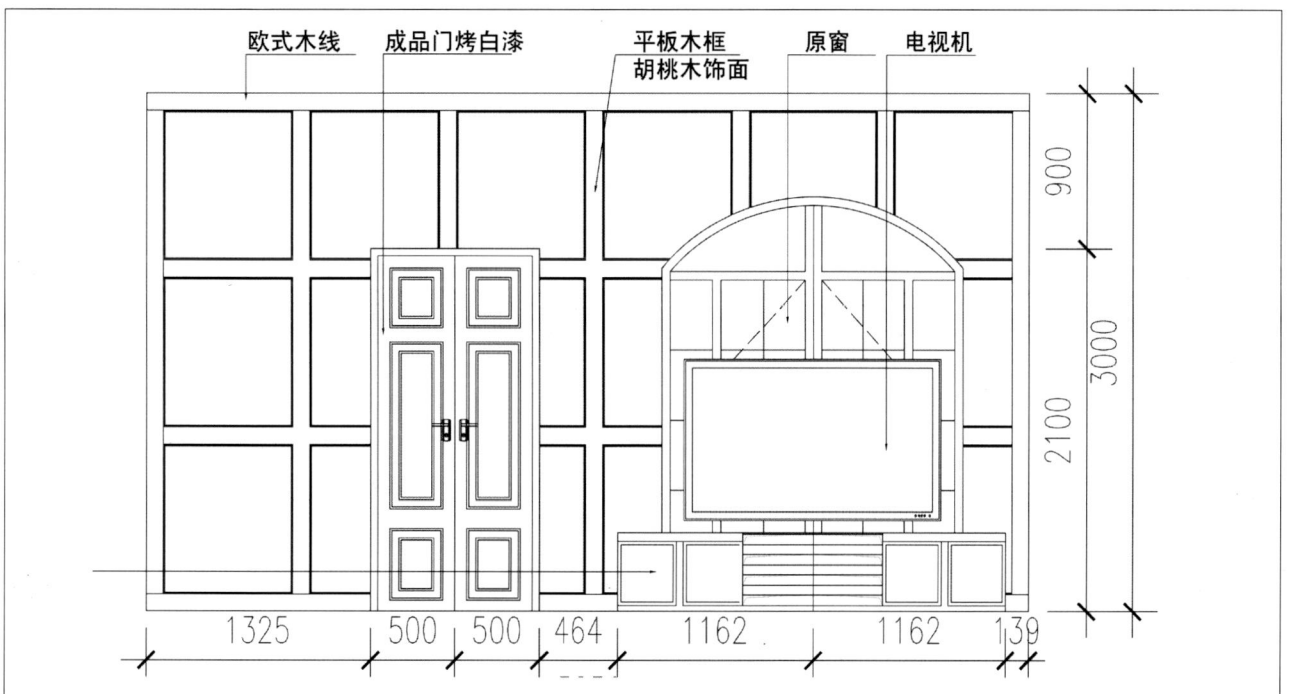

图16-8 主卧立面图

（5）装饰详图

装饰详图就是对造型和构造做法较为复杂的装饰部位，通过正投影法用大比例画出图样（又称大样图），用以表示各部位装饰的详细构造。

装饰详图按图示方法分为平面详图、立面详图、剖面详图和断面详图，按照构造部件可分为墙身节点详图、吊顶节点详图、地面拼花详图以及各种具体做法详细构造。无论用何种图示方法反映任何部位的详图，其图示内容均必须反映装饰件内部和装饰件之间的详细构造，以及尺寸、材料名称及其规格、饰面颜色、衔接收口做法和工艺要求，必须反映装饰件与建筑构件之间的连接与固定方法等（图16-9）。

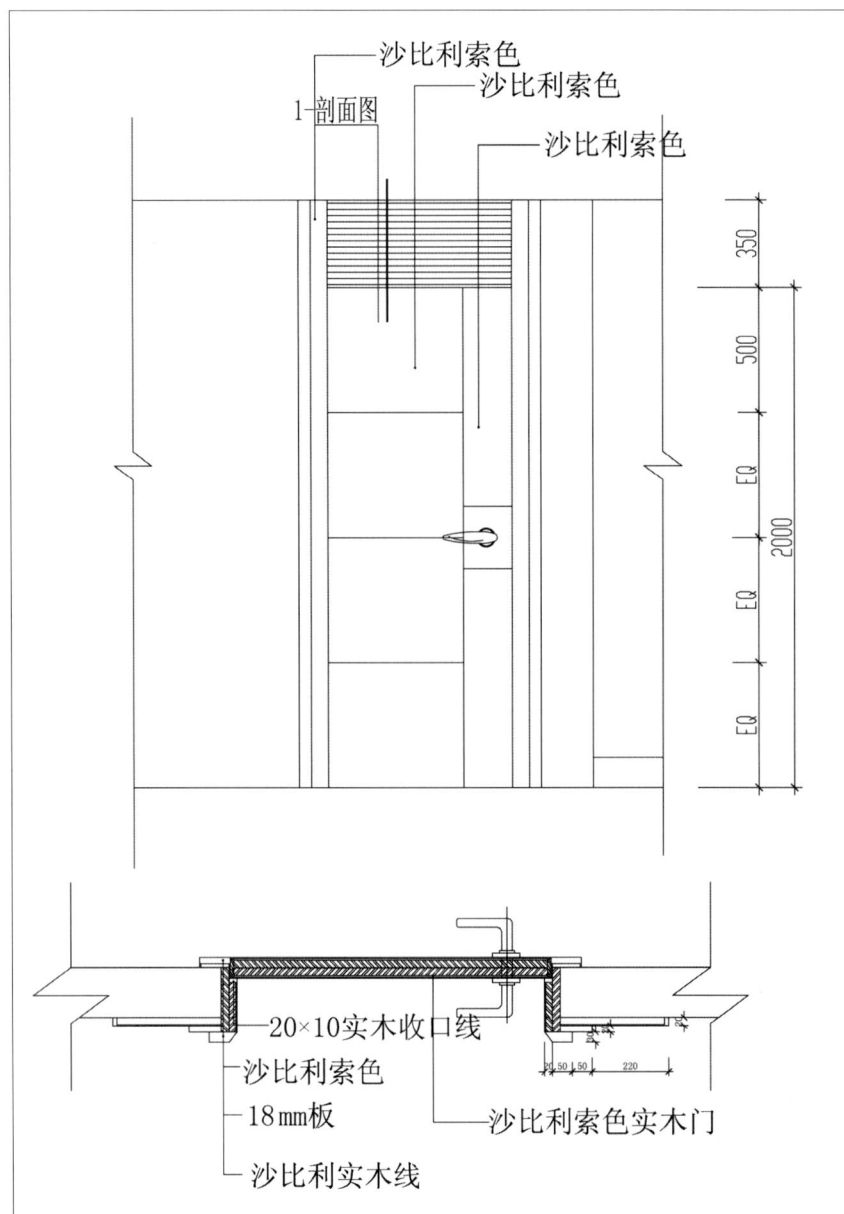

图16-9 局部施工详图

17 方案设计手绘图

课时安排	讲授4学时，实训10学时
教学方式	课堂示范讲授，多媒体教学
目的与要求	明确手绘图在设计过程中的作用，掌握手绘图的制作方法
重点	掌握手绘设计图的各种分类技法
难点	熟练掌握并绘制设计图
教学过程	理论讲述、示范→分析与讨论→课题实训→指导实训→小结
实训课题	针对具体方案在规定时间内做手绘设计图

17.1 手绘设计图的作用

手绘图就是按照设计构思，人工绘制设计图纸。这些图纸既是对设计意图的表达，又是施工的依据。按照不同的绘制工具可以把效果图分为铅笔单色效果图（图17-1）、彩色铅笔效果图（图17-2）、水粉水彩效果图（图17-3）、马克笔效果图（图17-4）、喷笔效果图等。

图17-1 铅笔手绘图

图17-2 彩色铅笔效果图

图17-3 水粉手绘效果图

图17-4 马克笔手绘图

设计图具有记录性、传达性、表现性三个方面的特征。不管采用哪种绘制效果，都要满足效果图具有的两项基本功能。

①利用图纸可以把设计师构思的设计主体及其所承担的主要功能表现出来，并在绘制的过程中推敲自己的设计，使之更加完善。

②能传达设计师的设计意图，便于设计师与施工单位或业主进行沟通。设计师要想将设计构思同业主交流，需要借助直观的视觉形象的帮助来反映设计内容。

手绘图可以帮助设计师研究方案的可实施性，相对于设计草图，在技术上更进了一步。一方面它是设计概念思维的深化，另一方面又是设计表现最关键的环节（图17-5～图17-7)。

图17-5 效果图线稿

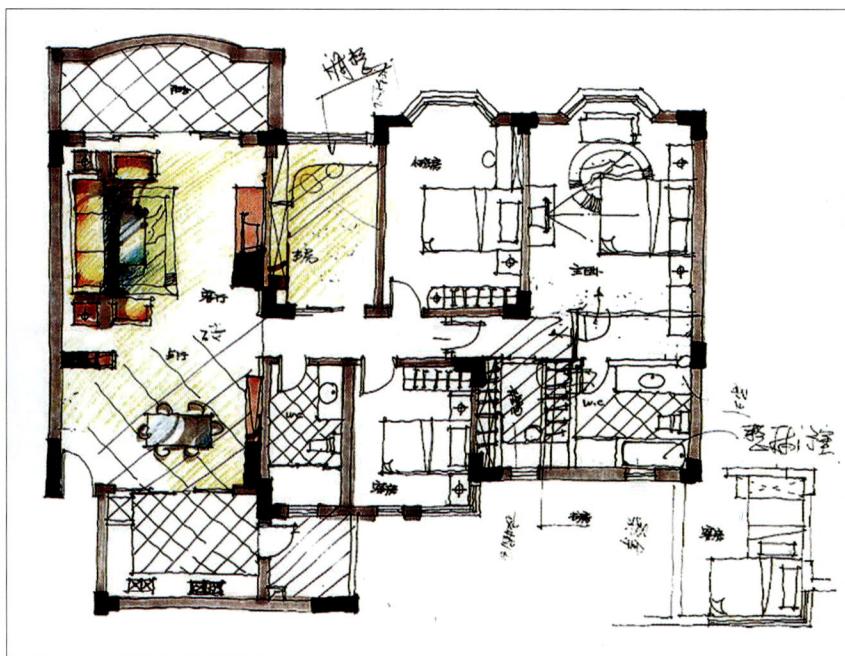

图17-6 快速表现平面设计图

图17-7 手绘空间表现图

17.2 设计图的特点

（1）科学性

绘制效果图的同时要有准确的空间透视，表现空间尺度，包括室内空间界面的尺度（如吊顶的高度、墙面的宽度等）、装修构造的尺度（如门与窗户的尺度、材料分割的尺寸等）、家具陈设的尺度，还要表现材料的色彩和质感，尽可能地表现光、物体阴影的变化（图17-8，图17-9）。

（2）艺术性

作图的时候要做到整体统一、对比调和、秩序节奏、变化韵律等。绘画当中的基本问题，如素描和色彩关系、画面虚实关系、构思法则等，在绘图中同样适用（图17-10）。

图17-8　表现材质的图

17.3 手绘图的绘制程序

在绘制表现图之前，设计师已经基本完成多方面的设计内容，如平面布置、空间组织与划分，造型、色彩、材料的设计等。这样才能在绘图的时候有的放矢、胸有成竹。在绘制的过程中设计师还要根据绘图过程中发现的问题及时进行修改，使设计更加深入和完善。

在绘制效果图的时候，手边一定要准备好室内平面图和各立面图，将其作为参照来绘制效果图，否则反复修改画面势必会影响画面的视觉效果和绘图质量。

绘制效果图要注意以下几点：

①整洁的绘画环境。

②通过平面图、立面图对设计构思作认真研究，以达到充分理解设计意图的目的。

③根据表达内容的不同，选择不同的透视方法和角度。

④效果图要始终保持画面的清洁。

⑤选择最佳的绘画技法。

⑥绘制时要按照先整体后局部的顺序作图。绘制整体关系时用色要准确，落笔要肯定快速；局部刻画时则要小心细致。

图17-9　手绘图要表现空间和光影

图17-10　餐桌做虚化处理而不失整体

高等职业教育艺术设计类专业实践教材

18 最终方案设计施工图

课时安排	讲授4学时，实训10学时
教学方式	课堂示范讲授，多媒体教学
目的与要求	提高学生对设计过程的宏观把握与施工调控能力，以实际项目带动教学内容。要求学生掌握室内设计施工图的基本知识，能根据规范熟练绘制施工图，满足施工要求
重点	掌握室内设计施工图的原则和程序步骤
难点	室内设计施工图的规范性
教学过程	理论讲述、示范→分析与讨论→课题实训→指导实训→小结
实训课题	针对实际项目作详细施工图

室内施工图主要表示建筑物室内空间的布局、形状大小、室内空间界面（地面、天花、墙面）的表面装饰或其他空间划分构成的形状大小和表面装饰、家具的布置以及其他类型的固定设施的形状大小、细部结构做法和施工要求等。

18.1 室内施工图的基本内容

（1）基本图纸部分
①施工总说明。
②各分层室内平面图。
③各分层室内天花图。
④各单元室内空间的立面图。
⑤剖面图等（图18-1～图18-3）。

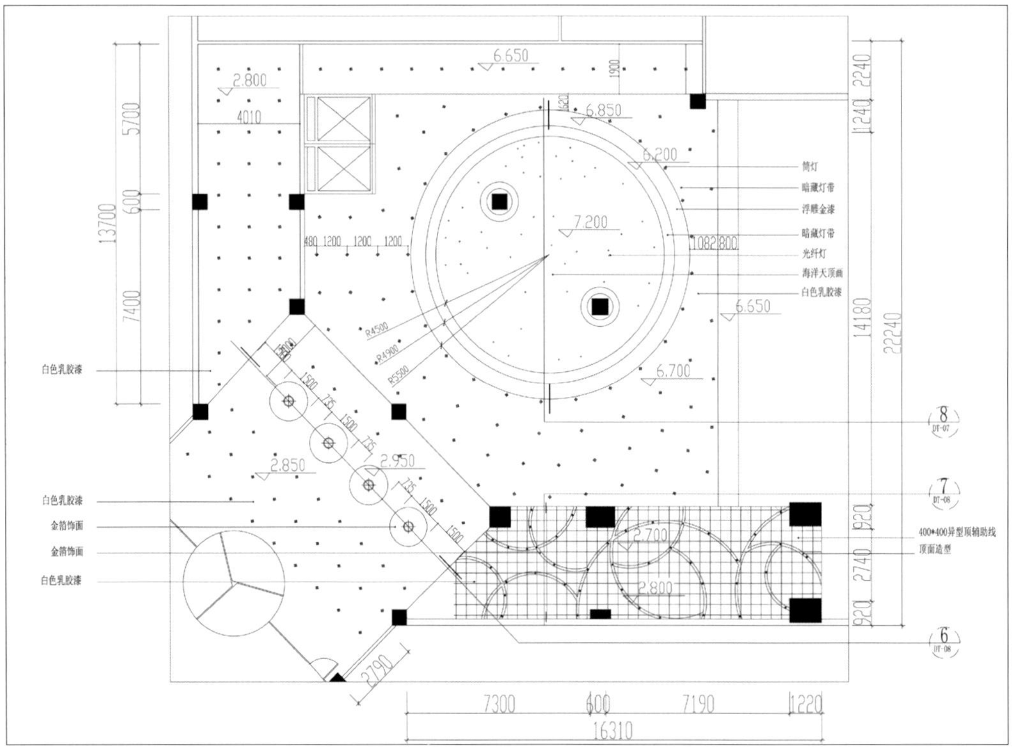

图18-1 博古架局部详图

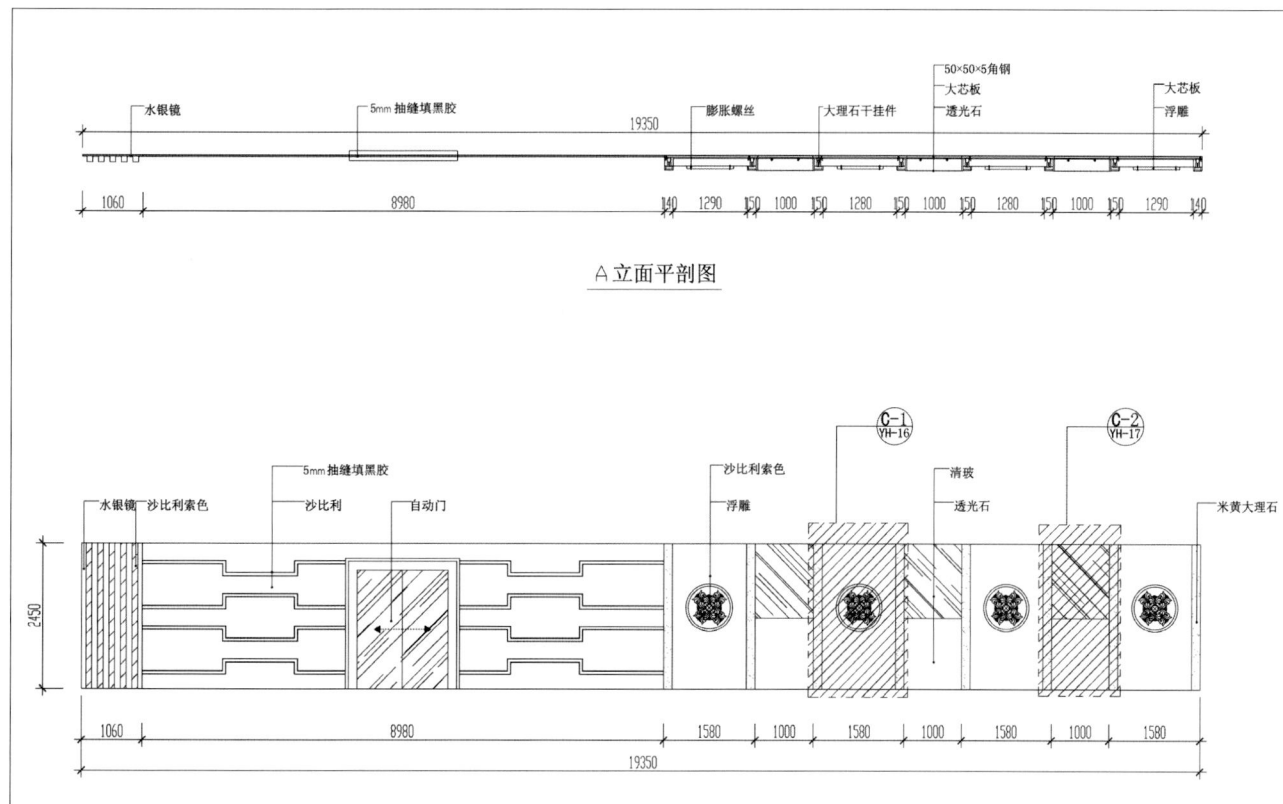

A立面平剖图

图18-2 大堂A立面图

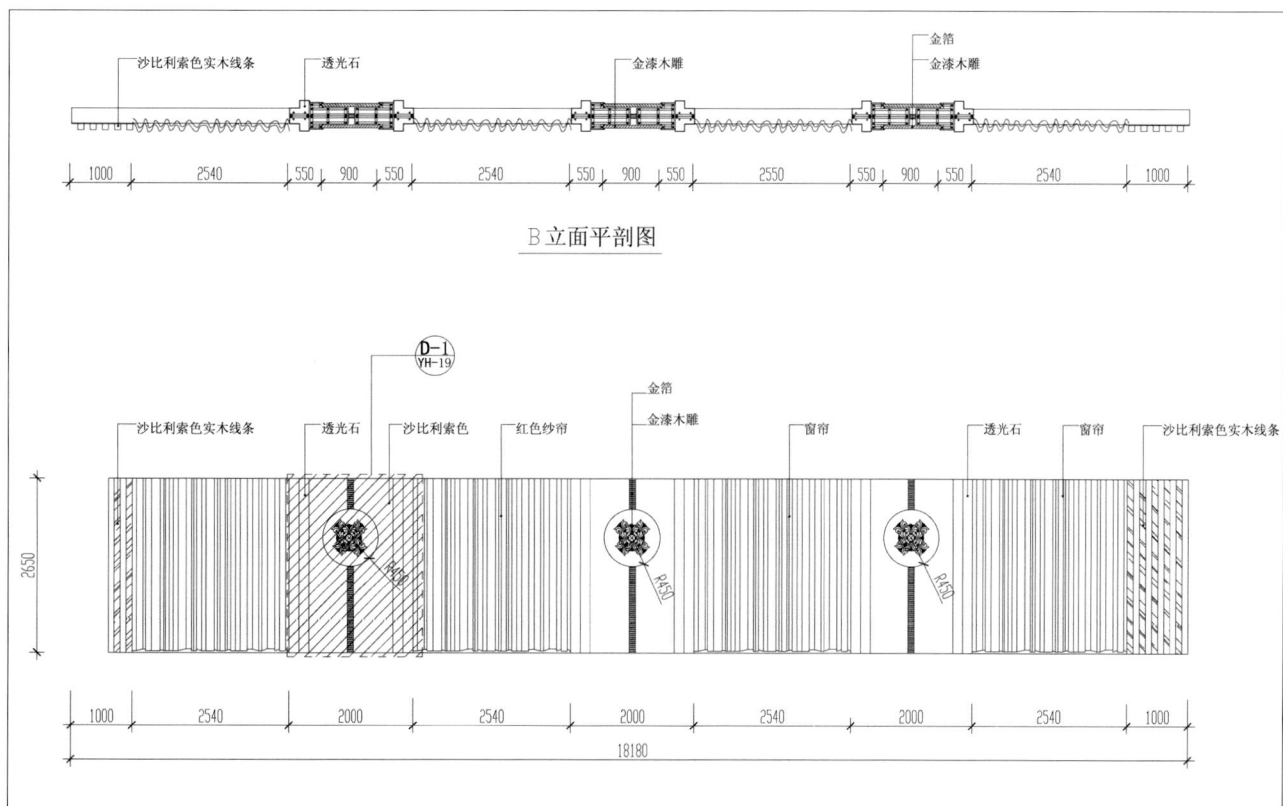

B立面平剖图

图18-3 大堂B立面图

（2）详图部分

详图是指局部大样图，主要包括以下部分：

　　①门窗等。

　　②家具及固定设施做法。

　　③各局部的构造等详细做法（图18-4～图18-6）。

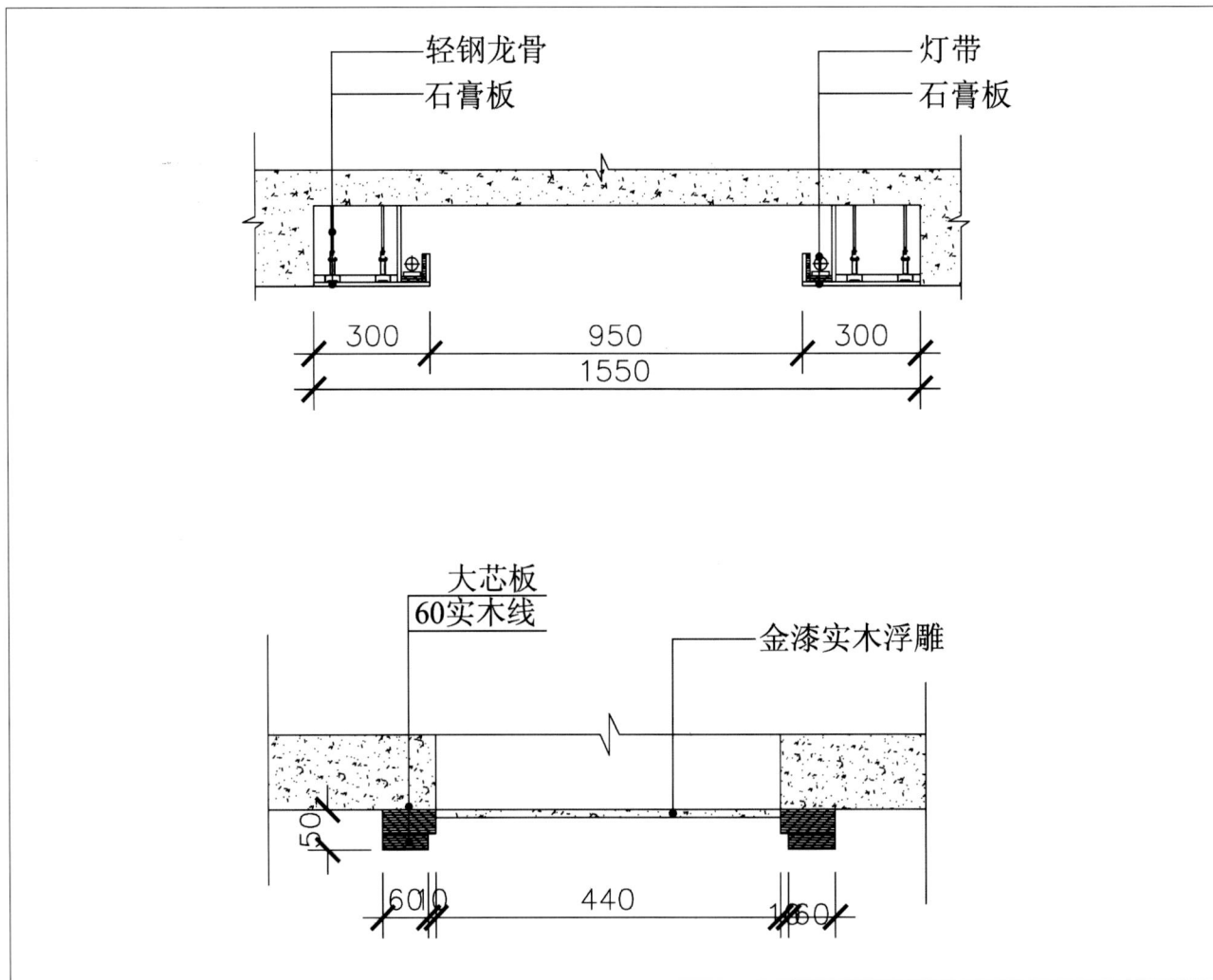

图18-4　大样图1

沙比利索色

沙比利索色

1-剖面图

沙比利索色

350

500

EQ

2000

EQ

EQ

20×10实木收口线

沙比利索色

18mm板

沙比利索色实木门

沙比利实木线

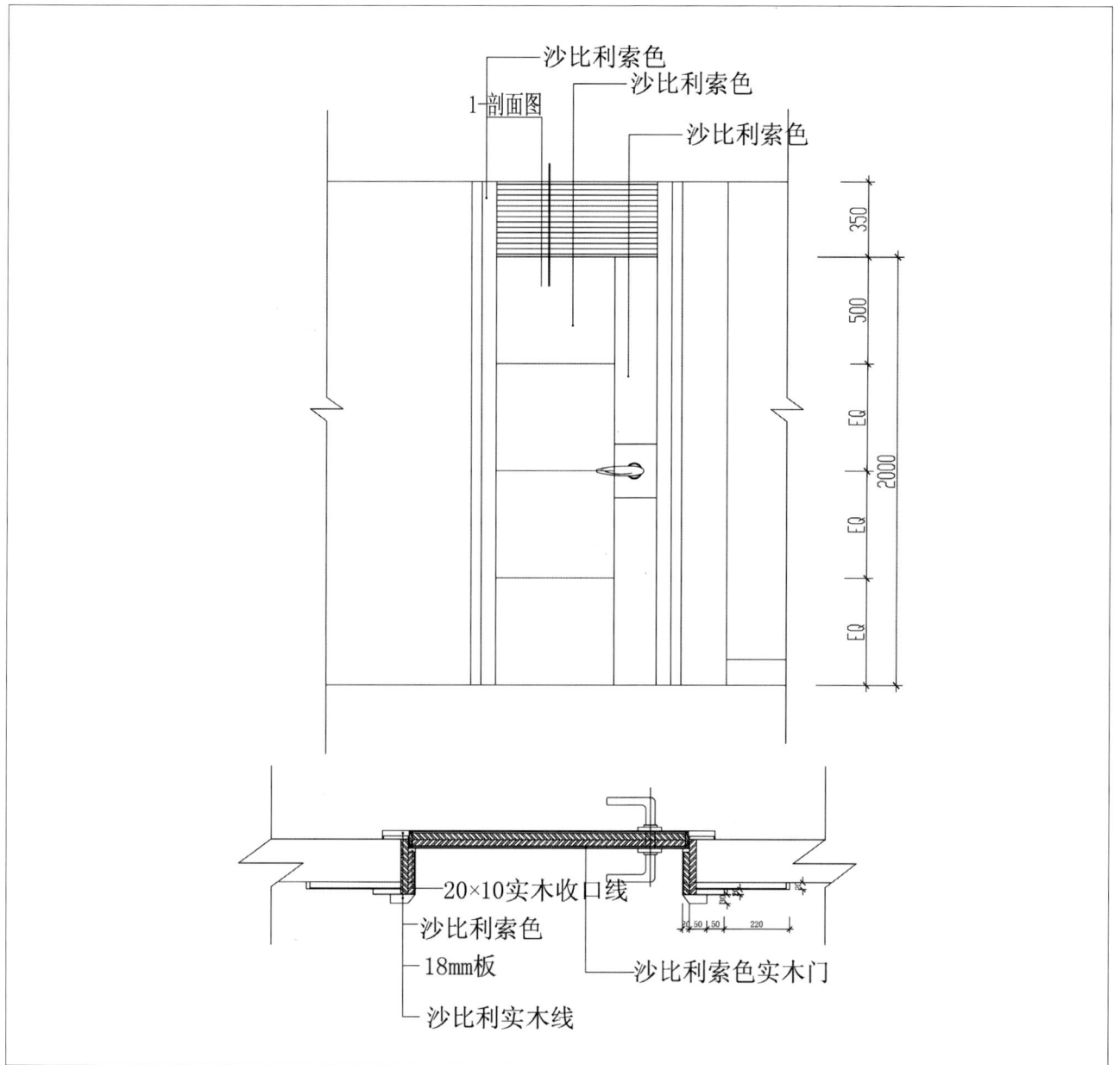

图18-5 大样图2

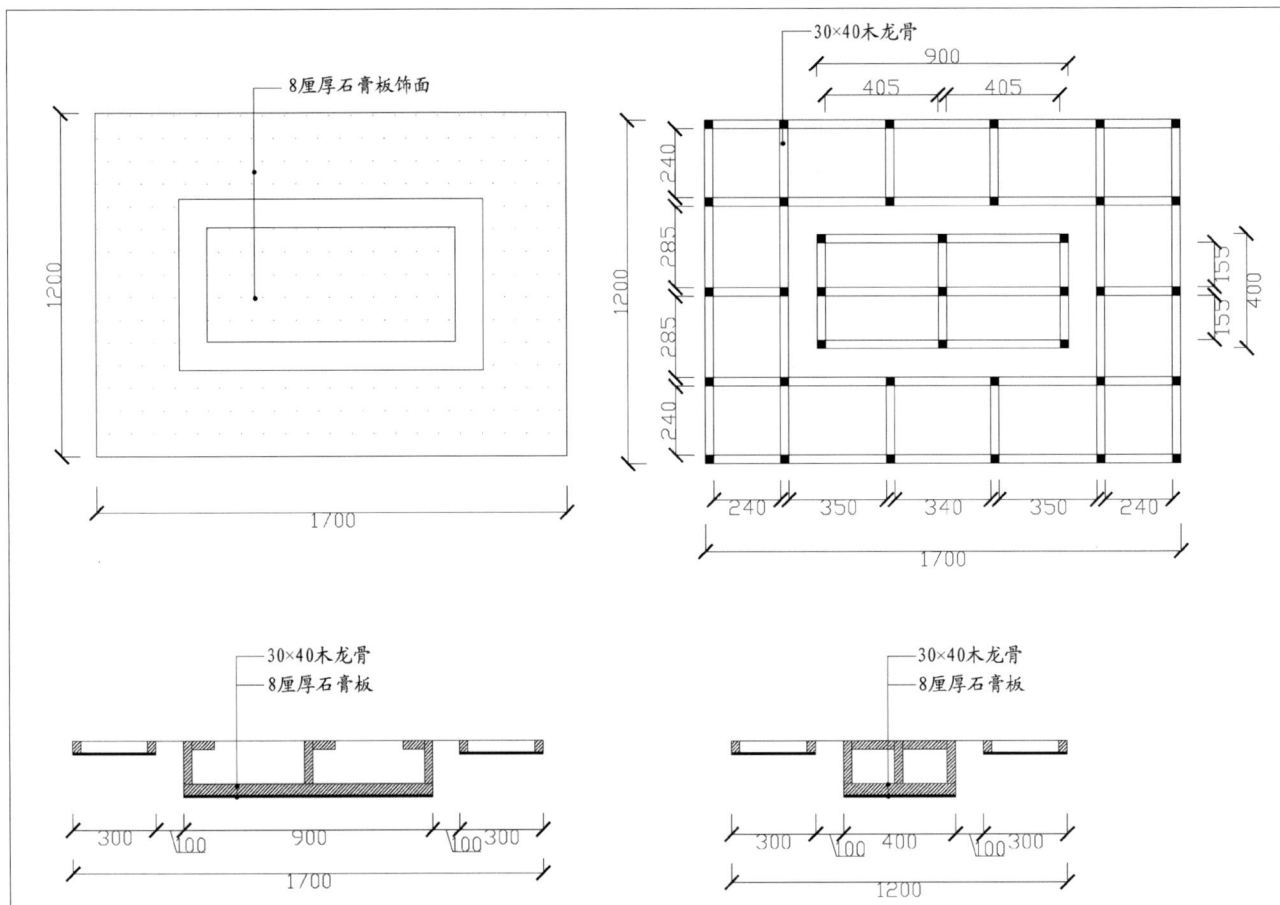

图18-6 吊顶施工图

室内施工图所标的轴线、尺寸（包括标高）必须同建施、结施、设备施工图取得一致，并与之相互配合。

18.2 室内施工图的绘制

(1)图样的规范和要求

为了避免由于不规范的施工图而使设计师与施工方的交流出现障碍，具体的制图要求应参照《房屋建筑制图统一标准》（GB/T5001-2001）和《建筑制图标准》（GB/T50103-2001）。这两个标准对图纸、图线、文字、比例、符号、图例、尺寸标注及图纸的前后顺序都作出了具体的规定，并且建筑设计制图中的一些图样要求适用于装饰设计制图（图18-7～图18-10）。

图样的基本要求是：尽可能的准确、齐全、清晰、明确地表达出需要施工的各个部分的外形轮廓、大小尺寸、结构构造和材料做法。

序号	图别图号	图纸名称	采用标准图或重复使用图		图纸尺寸	备注

上半部分：

		图纸目录		设计号	
年　月　日		工程名称			
		工程项目		共　页　第　页	

表头：

序号	图别图号	图纸名称	采用标准图或重复使用图		图纸尺寸	备注
			图集编号或工程编号	图别图号		

设计负责人：　　　　　　　　　　填表人：

图18-7　图纸目录

实木地板　鹅卵石　800×800 5厘厚钢化玻璃

30×40木方主龙骨　30×40木方次龙骨
18厘大芯板　8厘复合地板

245　245　250
140　800　140
1200

1200

1700

30×40木方主龙骨　30×40木方次龙骨
18厘大芯板　8厘复合地板

245　245　250
180　180　800　180　180
1700

8厘厚复合地板　鹅卵石　暗藏灯带
18厘大芯板　800×800 5厘厚钢化玻璃
30×45木龙骨

8厘厚复合地板　鹅卵石
18厘大芯板　800×800 5厘厚钢化玻璃
30×45木龙骨　暗藏灯带

180　180　25　800　25　180　180
1700

140　800　140
1200

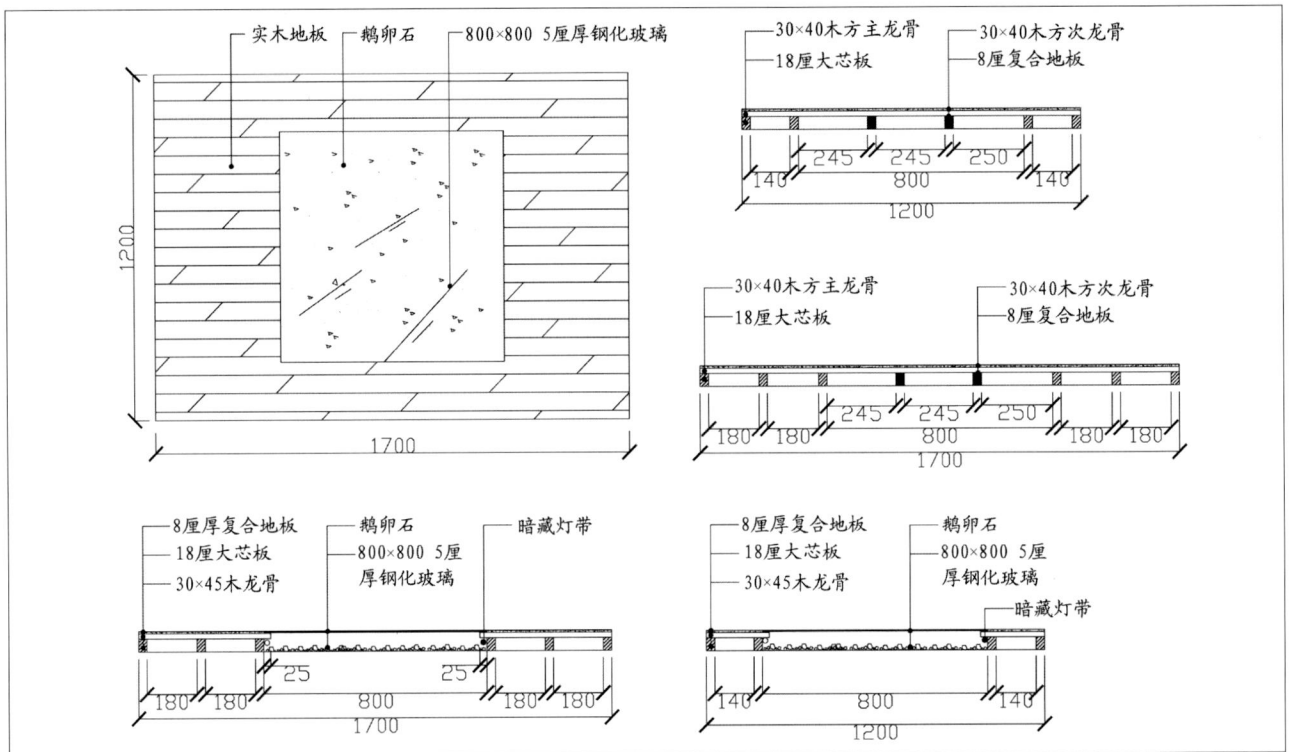

图18-8 地面施工详图

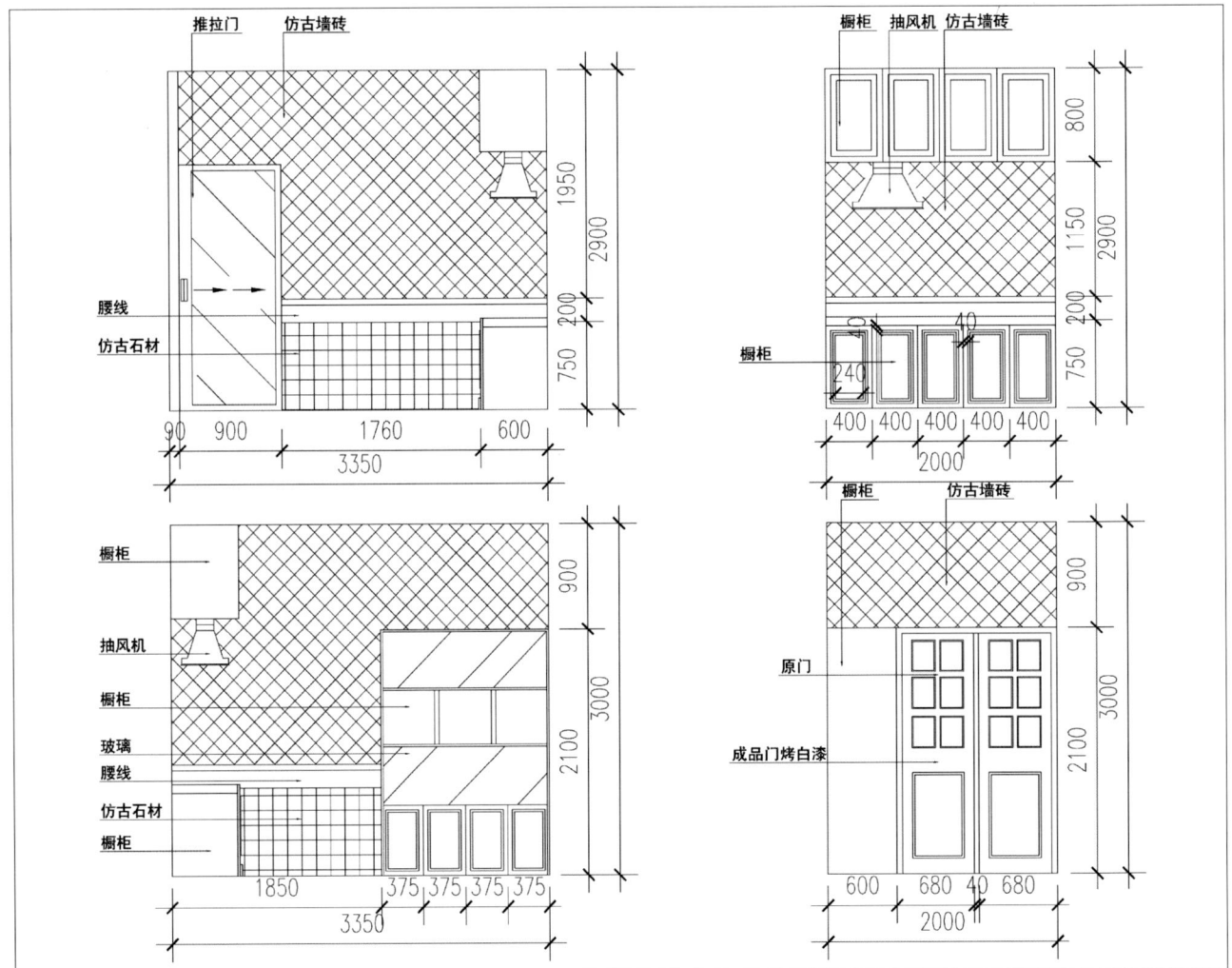

推拉门　仿古墙砖

橱柜　抽风机　仿古墙砖

1950
2900
800
1150
2900
200
200
750
750

腰线
仿古石材

240　40

90　900　1760　600
3350

400　400　400　400　400
2000

橱柜

橱柜　仿古墙砖

抽风机
橱柜
玻璃
腰线
仿古石材
橱柜

900
3000
2100

900
3000
2100

原门

成品门烤白漆

1850　375　375　375　375
3350

600　680　40　680
2000

图18-9 厨房各立面

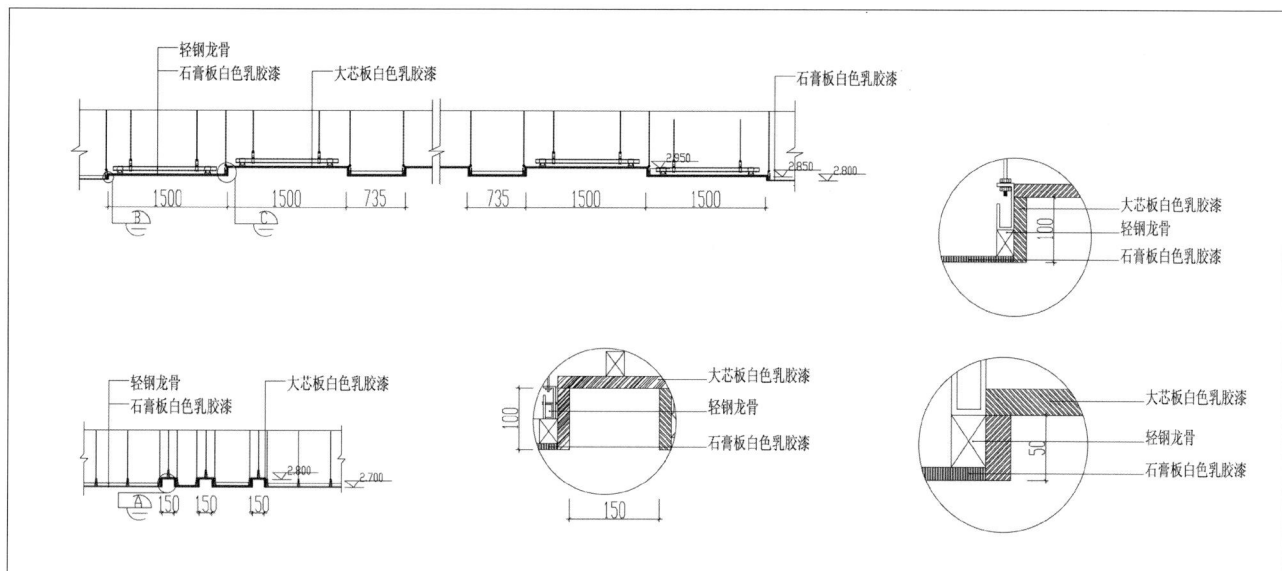

图18-10　施工大样图

（2）室内施工图绘制的一般方法

绘制室内设计施工图的目的在于把室内设计的内容正确、全面、清晰地通过图纸表达出来，为最终的设计实施服务。

室内设计施工图表达内容较多，且同其他不同的专业工种存在着配合和协调的要求。为避免工作失误，绘制室内设计施工图要经历一定的程序和技术审核制度。图稿完成后要由设计人员核校，并需室内设计专业工种负责人审核，以保证图纸的质量（图18-11，图18-12）。

①常用室内施工图工作流程：描图稿—校核—审核—修改，再描图并同其他工种协调—校核—审定—签字—出图。

②绘制室内施工图的基本前提：充分了解已审定的室内设计方案，熟悉原有建筑现场环境及图纸情况，安排图纸计划及每张图纸的基本内容，熟悉常见装饰材料、建筑材料等及其常见构造方法。

③室内施工图的绘制方法：先画基本图再画详图，把握先整体后局部的原则，达到减少差错和疏漏的目的；每一张图纸先画基本骨架，后画细节，便于调整和完善设计内容，提高绘图的效率；每张图先把图的部分内容画完，然后再标注尺寸和文字说明。

容易被忽略的问题：绘制的平面图中所标注的尺寸与立面图、剖面图、大样图所标注尺寸不符；所标注的局部尺寸相加后应与总尺寸一致；大样图中的标注应与总图的标注一致；在表达图面内容时线型和线条等级应准确；同一种表示方式应贯彻始终，如尺寸的起至符号不应一处是斜线一处是圆点，否则会导致图面的凌乱；一套图样中一种物体只能用一种图例表示；尺寸标注一定要详细，不可有漏标的情况出现；所用材料的种类和规格也要详细注明。

在具体绘制室内施工图的过程中，必须熟悉多种不同类型的建筑装饰材料的性能、规格以及各种材料的构造方法，并在掌握其基本构造的基础上，学会举一反三，创造合理可行的新应用。

高等职业教育艺术设计类专业实践教材

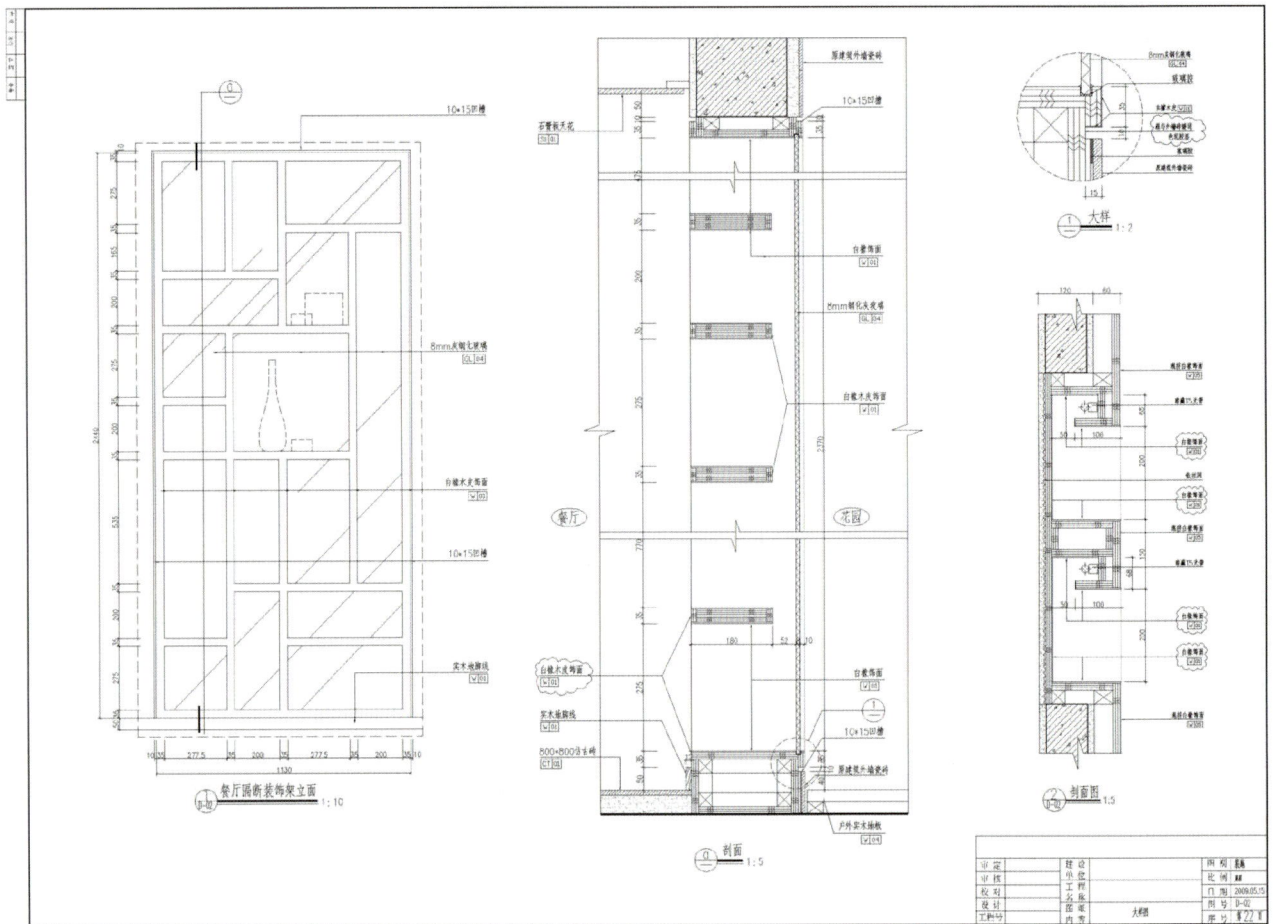

图18-11　局部施工图

图18-12　施工后效果图

第六单元
室内设计案例

6

19 公装案例——"金孔雀"娱乐会所室内空间设计

19.1 项目概况及前期准备

（1）项目概况

娱乐会所是一种综合性的娱乐场所，是集所有娱乐休闲功能于一体的场所，在室内装饰设计中属于大型公共空间装饰。

该项目的名称为："金孔雀"娱乐会所室内空间设计。项目坐落在湖南汉寿，项目完成时间为2008年。

（2）前期准备

在接到项目委托以后，我们就进入到了项目设计的准备阶段，在这个阶段，我们主要做了两方面的工作：

①跟甲方进行充分的沟通，切实了解甲方的需求、预期达到的效果以及经济承受能力等各方面的信息，以便为我们下一阶段的方案设计提供参考和依据。

②对设计场地进行实地考察，确定设计范围并完成必要的尺寸测量，而且还拍摄了现场照片，方便随时查看场地细部。另外，我们还对场地周边的环境、地理交通状况进行了考察。总之，在前期收集的资料越详尽，越有利于我们后期的设计（图19-1～图19-3）。

在"金孔雀"娱乐会所室内空间设计中，客户需要我们为其进行整体品牌形象的建立提供完整的空间解决方案，要充分展示其品牌的特色和档次，体现其文化内涵，并对建筑室内外环境进行规划设计。由于该会所位于一栋大厦的不同楼层之中，通过与客户沟通，我们决定以四楼入口大厅、标准客房、豪华套房等几大功能空间为主要室内设计对象进行整体设计。

图19-1 设计人员在酒店现场考察

图19-2 在酒店现场核实尺寸

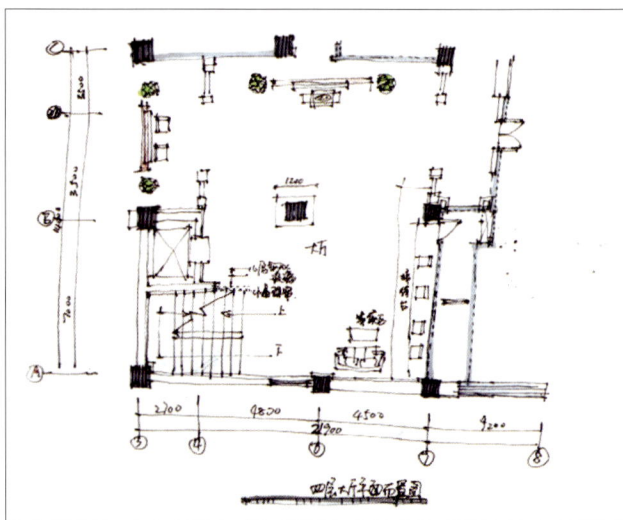
图19-3 现场徒手勾画的大厅平面布局概念图

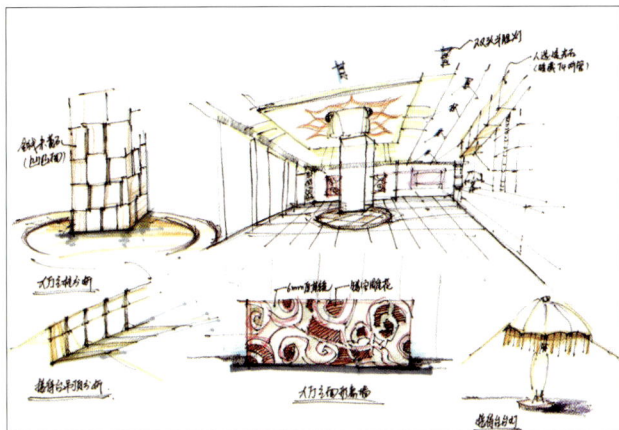

图19-4 大堂空间规划及局部设计草图

19.2 方案草图构思及整体设计

（1）方案草图构思

在完成设计前期准备阶段以后，我们就进入了正式的方案设计阶段。在这个阶段我们要完成设计方案的平面图、立面图、剖面图以及三维效果图的制作，并且要列出比较详细的工程预算单。

但是，方案的确定不可能一蹴而就，我们一般要进行方案的草图构思。

在这个时候，设计团队要对前期搜集的资料进行总结归纳，定下总的设计原则和思路，提出一个理想化的空间机能分析图，同时绘制几个不同的方案草图进行比较。这时你会发现，实地的考察和详细测量是极其必要的，图纸的空间想象和实际的空间感受差别很大，对实际管线和光线的了解有助于缩小设计与实际效果的差距。室内设计的一个重要特征便是只有最合适的设计而没有最完美的设计，一切设计都存在着缺憾，因为任何设计都是有限制的，设计的目的就是在限制的条件下通过设计缩小不利因素对使用者的影响。因此我们可以画一些空间或局部立面的分析草图，来帮助我们理解空间（图 19-4 ～图 19-10）。

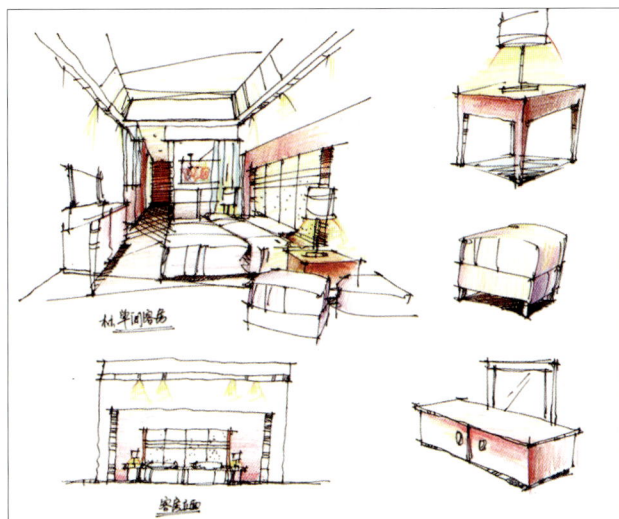

图19-5 标准间客房空间规划及局部设计草图

图19-6 客房走廊及局部立面设计草图

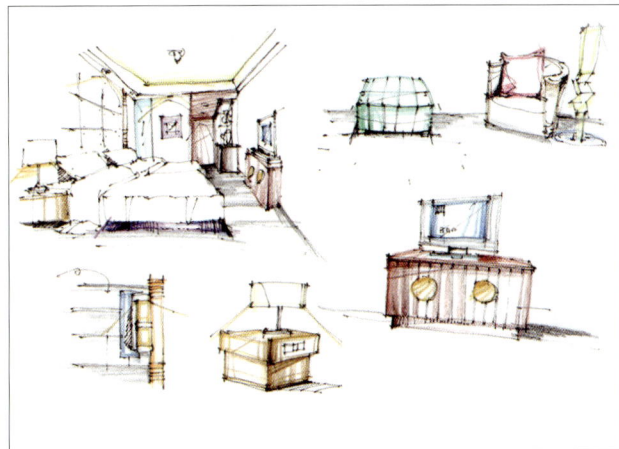

图19-7 豪华套间设计及家具选型草图

089

图19-8 复式楼空间规划及室内陈设设计草图

图19-9 豪华套间设计及室内陈设设计草图

图19-10 豪华套间设计及局部立面设计草图

在绘制方案草图的过程中，主创设计师与设计助理之间要多交流想法，在某些细节的地方甚至要标注出具体设计尺寸与材料，要考虑实际施工中会遇到的问题。这里需要说明的是，方案草图不一定全部都是手绘的，还可以结合计算机辅助设计，总之目的是尽可能快地捕捉到设计灵感，为下一步深化方案打好基础。

一个设计项目的主题是整个设计的灵魂。如何找到一个好的切入点，用一个最合适的主题思想把设计从头到尾地贯穿是很关键的，就像我们写文章一样，要主题思想明确，要有主次。很多人到了这一步就忽略了前期的分析结果，打起了乱仗，这是不对的。我们还是要理性地结合分析一步一步去做设计。

在"金孔雀"娱乐会所室内空间方案设计中，我们的设计主题就是"金典魅力"，具体设计中主要运用了柔和轻盈的曲线作为主要造型元素，特别是在大堂设计中，其顶面软膜造型既像一朵盛开的荷花，又像一组孔雀的羽毛，给人以无限的遐想。在主要材质的选用上，以金线米黄、莎安娜米黄等大理石为主材，局部（中间立柱）有深棕色大理石拼花，以体现该会所金碧辉煌的气势。

（2）方案整体设计

在方案草图基本定下来以后，可以以简报的形式跟客户进行沟通，并一起探讨方案的可行性。一般在这个阶段，客户会提出一些修改意见，而设计师则根据客户的反馈对前期的草案进行调整和深化，最后完成正式的方案设计。

下图就是我们为客户设计的部分正式方案图纸（图19-11～图19-22）：

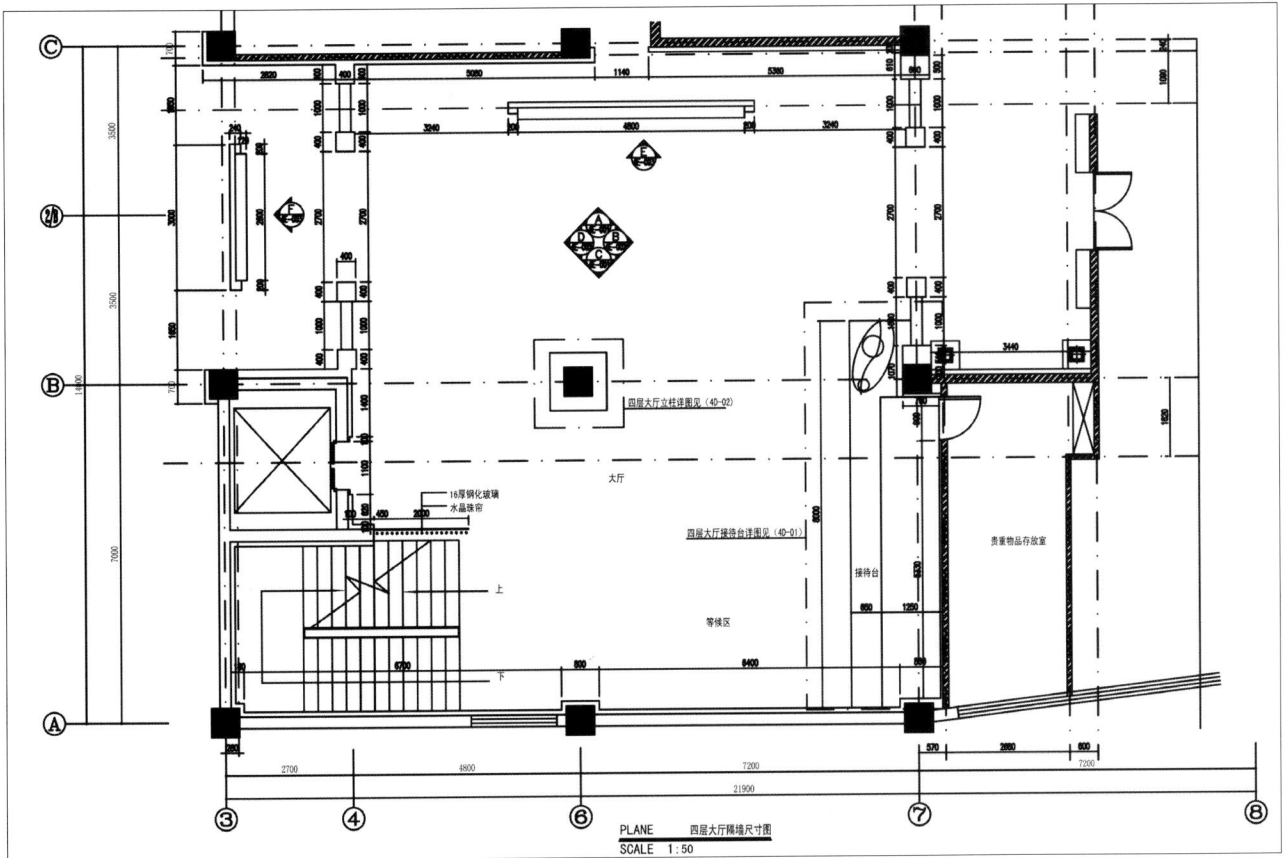

图19-11　大堂尺寸图

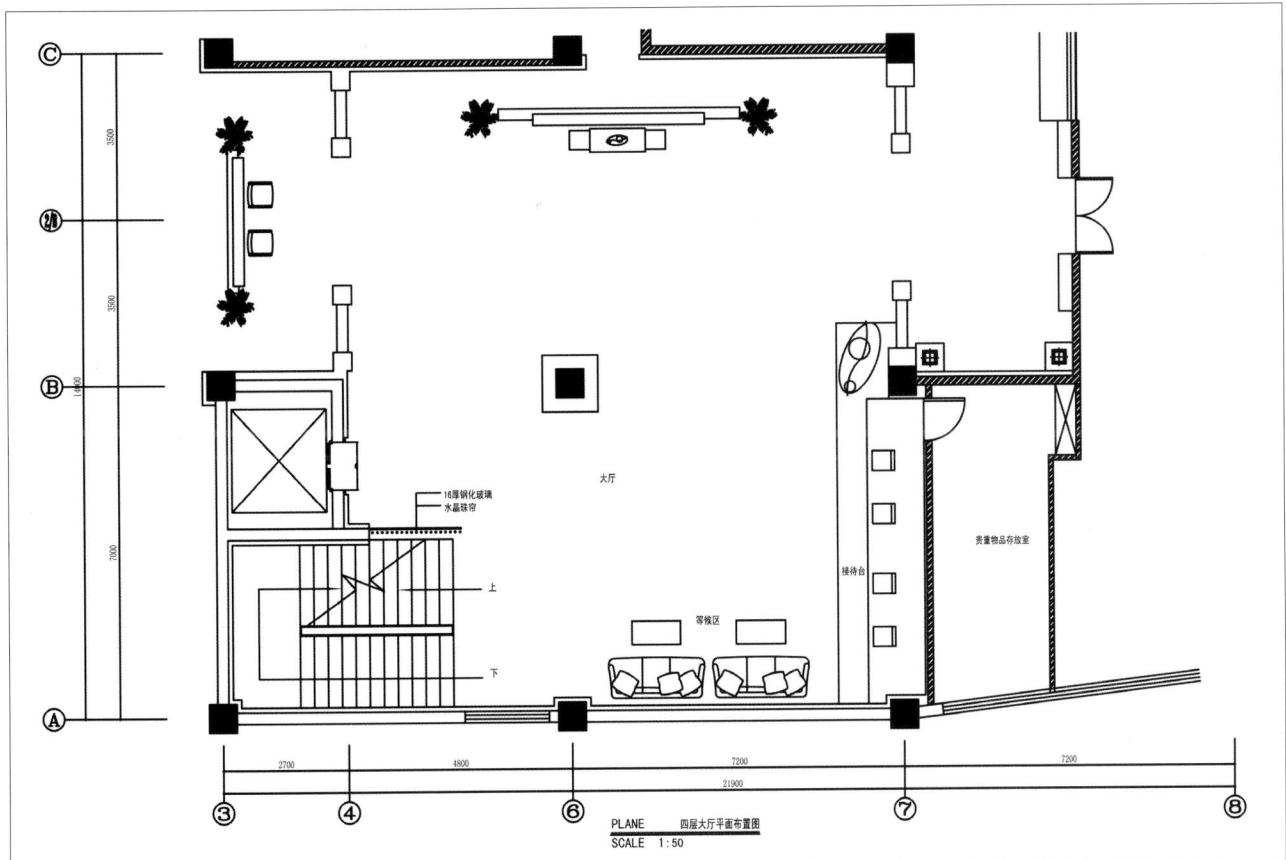

图19-12　大堂平面布局图

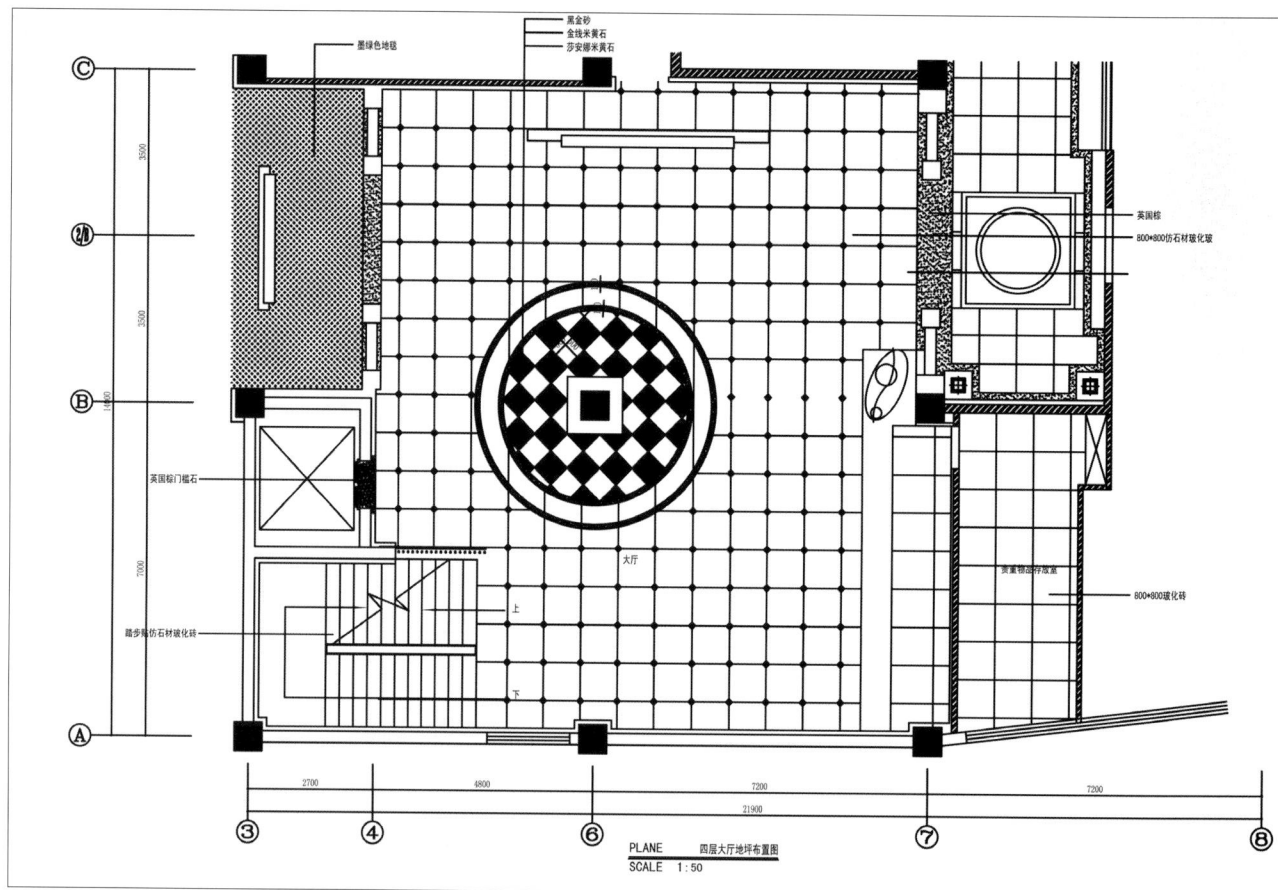

图19-13 大堂地面铺装图

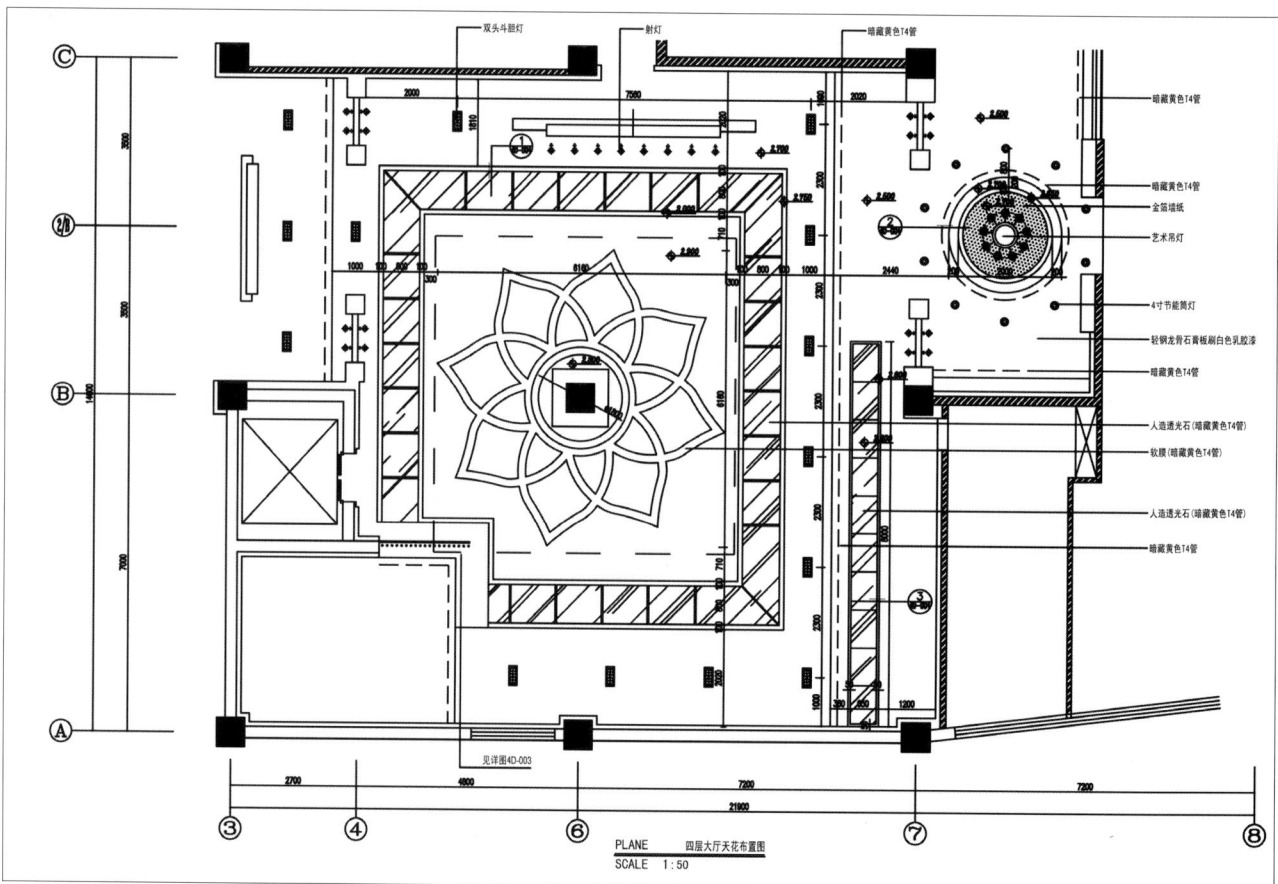

图19-14 大堂顶面吊顶图

图19-15　大堂效果图

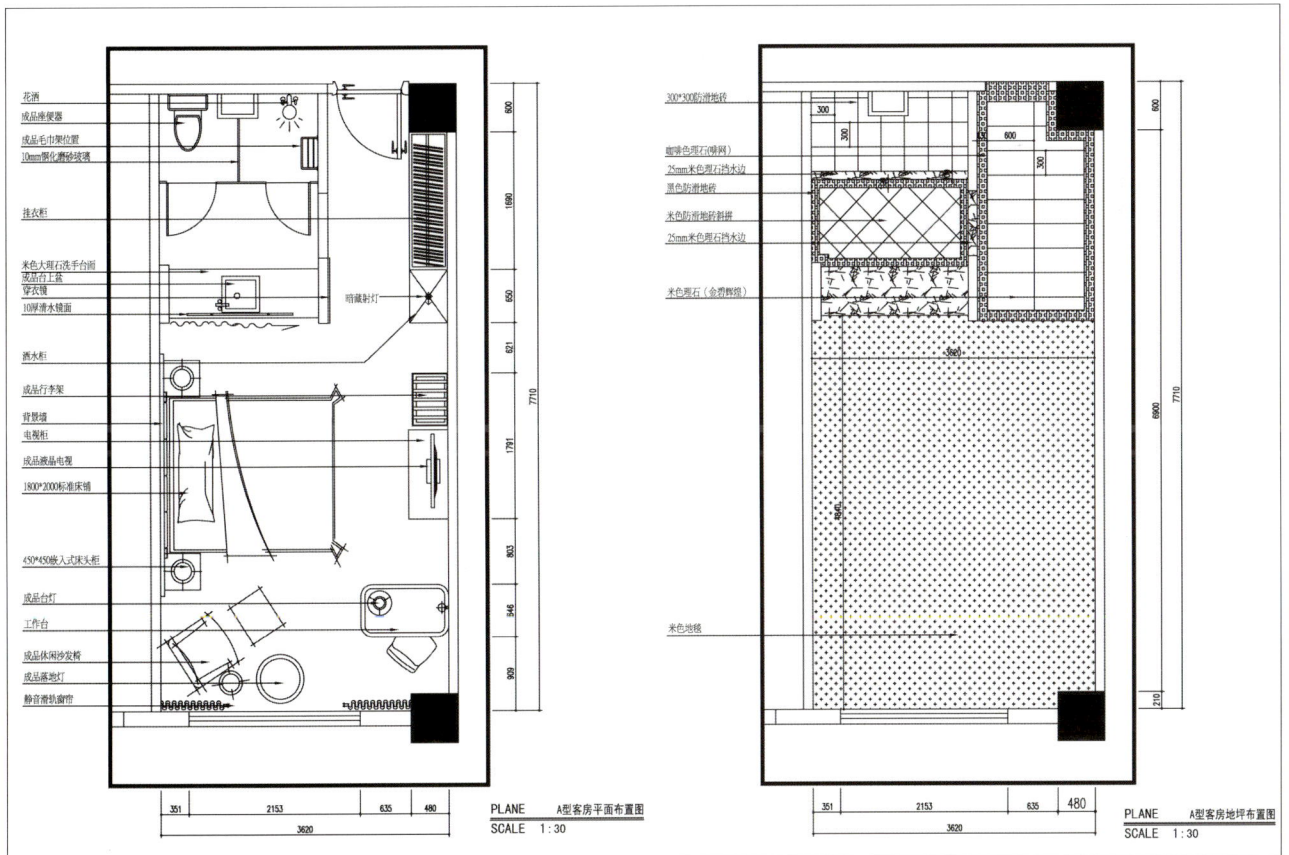

左图标注（从上到下）：
- 花洒
- 成品座便器
- 成品毛巾架位置
- 10mm钢化磨砂玻璃
- 挂衣柜
- 米色大理石洗手台面
- 成品台上盆
- 穿衣镜
- 10厚清水镜面
- 酒水柜
- 成品行李架
- 背景墙
- 电视柜
- 成品液晶电视
- 1800*2000标准床铺
- 450*450嵌入式床头柜
- 成品台灯
- 工作台
- 成品休闲沙发椅
- 成品落地灯
- 静音滑轨窗帘

暗藏射灯

尺寸：600　1690　650　621　1791　803　946　909　7710
351　2153　635　480　3620

PLANE　A型客房平面布置图
SCALE　1：30

右图标注（从上到下）：
- 300*300防滑地砖
- 咖啡色玛石(啄网)
- 25mm米色理石消水边
- 黑色防滑地砖
- 米色防滑地砖斜拼
- 25mm米色理石消水边
- 米色理石(金碧辉煌)
- 米色地毯

尺寸：600　7710　210
300　300　600　300
6900
351　2153　635　480　3620

PLANE　A型客房地坪布置图
SCALE　1：30

图19-16　A型客房平面及地面布置图

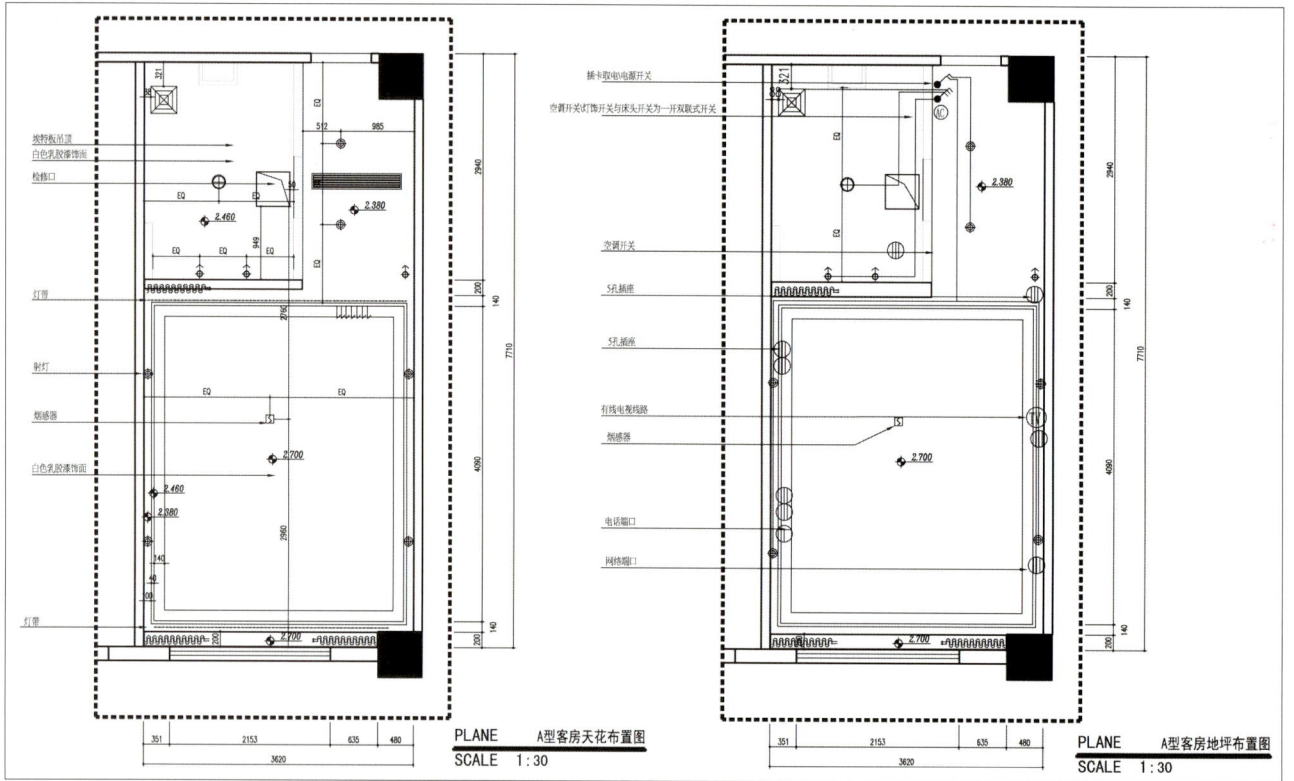

图19-17 A型客房天花及电路布置图

图19-18 A型客房效果图

图19-19 豪华套房效果图

图19-20 复式楼效果图

高等职业教育艺术设计类专业实践教材

图19-21 客房走道效果图

图19-22 B型客房效果图

从平面方案向三维的空间转换，要将初期的设计概念转化为三维效果，主要依靠材料、色彩、采光、照明等因素来实现。

材料的选择首要的是服从设计预算，这是现实的问题，使用简单的还是复杂的材料是因设计概念而确定的。虽然高档的材料可以更加完美地体现理想设计效果，但并不等于低预算不能创造合理的设计，关键是如何选择。

色彩是体现设计理念的不可或缺的因素，它和材料是相辅相成的。采光与照明是营造室内氛围的，说室内设计的艺术即是光线的艺术虽然有些夸大其词，但也不无道理。艺术的形式最终是通过视觉表达而传达给人的。而这些设计的实现最终是依靠三维表现图向业主体现，同时设计师也是通过三维表现图来完善自己的设计。表现图的优劣虽然可以影响方案的成功，但并不会是决定性的因素，而只是辅助设计的一种手段和方法，千万不能本末倒置，过分地突出表现的效用，起决定作用的还应该是设计本身（图19-23）。

在正式方案确定下来以后，我们还要制作方案册。方案册的内容包括有：

①封面、封底、扉页；

②项目介绍，包括区位分析、现状分析、构思分析等；

③设计介绍，包括设计理念、设计主题、设计依据、设计说明等；

④方案平面图、立面图、剖面图、透视效果图等；

⑤工程预算。

在编排方案册的过程中，我们以详尽地表达我们的设计构思，通俗易懂为原则，表达方式自主安排。总体来说，方案册的编排是整个设计的一部分，同样具有和方案一样的设计风格。

在方案设计阶段完成之后，我们就进入到了整个设计的最后阶段——施工图设计阶段。

图19-23 会所外观效果图

19.3 "金孔雀"娱乐会所室内施工图设计

施工图，是表示工程项目总体布局，建筑物的外部形状、内部布置、结构构造、内外装修、材料做法以及设备、施工等要求的图样。施工图具有图纸齐全、表达准确、要求具体的特点，是进行工程施工、编制施工图预算和施工组织设计的依据，也是进行技术管理的重要技术文件。一套完整的室内工装施工图一般包括封面、图纸目录、设计施工说明、主要材料品牌列表、各主要空间平面布置图、地面铺装图、天花布置图、立面图、索引图、水电施工图、主要节点大样图等。

下面是部分"金孔雀"娱乐会所的室内设计施工图（图19-24～图19-41）。

金孔雀娱乐会所室内、外装修设计施工说明

图19-24 施工说明

PROJPCT:
项目
DRAWING SCHPDULP
绘图目录

四、五楼客房及过道

装修部分

图19-25 图纸目录

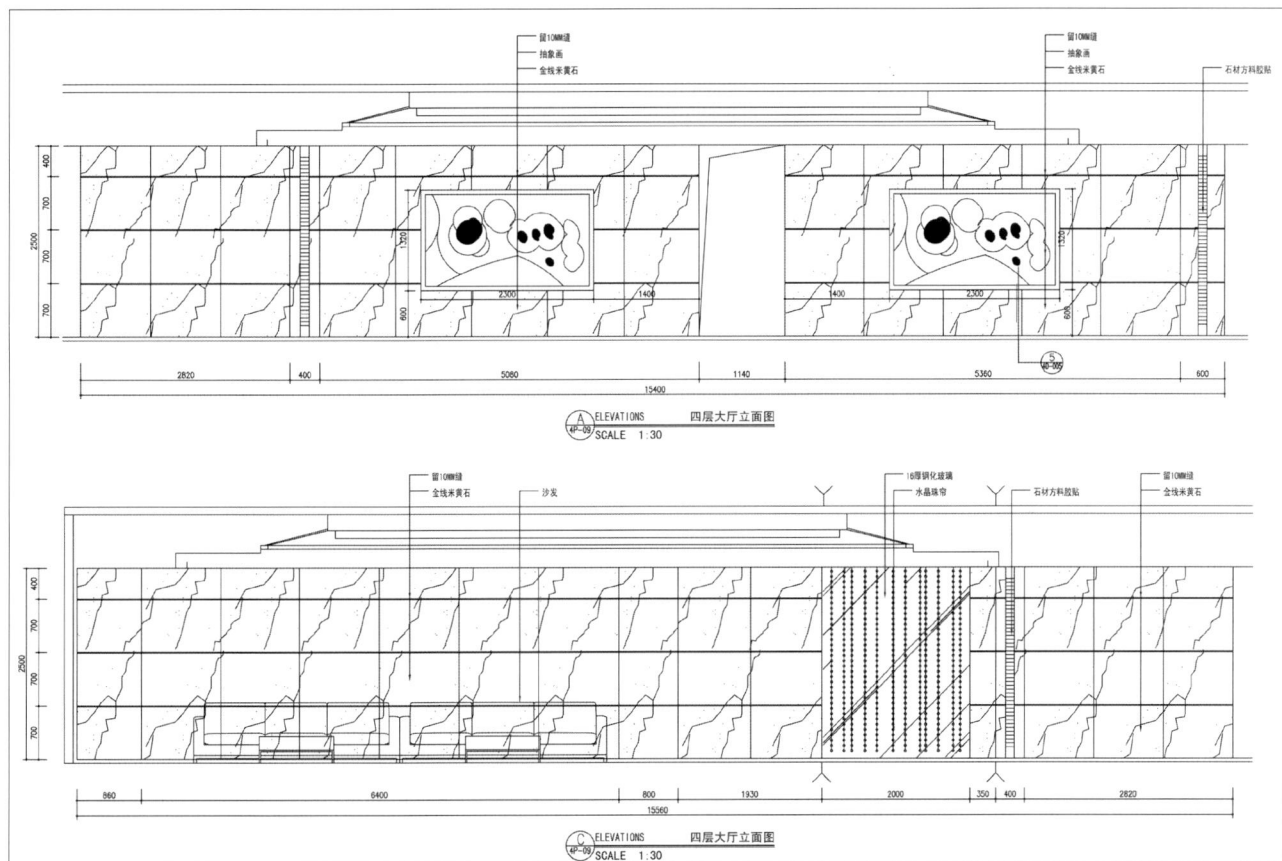

图19-26 四层大厅立面图A

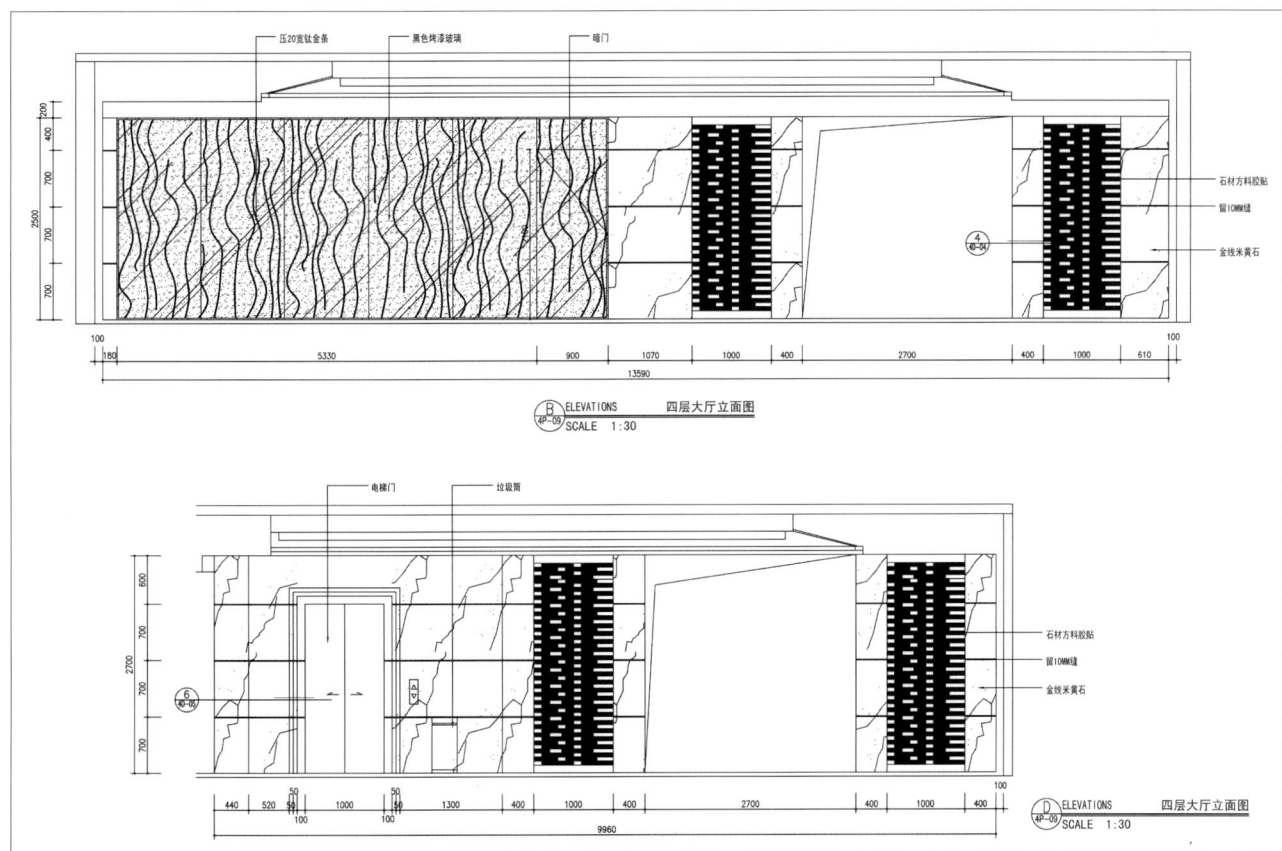

图19-27 四层大厅立面图B

艺术品

白色微晶石台面板

1590   6410
8000

PLANE 四层大厅接待台平面布置图
4P-09 SCALE 1:50

白色微晶石
黑色烤漆玻璃(车边)
暗藏黄色T4管

200   7600   200
8000

A ELEVATIONS 四层门厅接待台背立面图
   SCALE 1:50

暗藏黄色T4管
5MM厚灯箱片
白色微晶石
18厘大芯板
650

仿青铜柜门拉手
樱桃木索色饰面
白色微晶石

电脑机箱插座
电脑显示器插座
网络线出口
电话线出口

不锈钢抽屉轨道

双层大芯板

画饰樱桃木索色

8厚黑色烤漆玻璃(车边3MM)

410   2300   410   410   2290   410
20   20   20   20
6410

B ELEVATIONS 四层门厅接待台背立面图
   SCALE 1:20

120   510   20
DETAIL 四层门厅接待台剖面图
1 SCALE 1:20

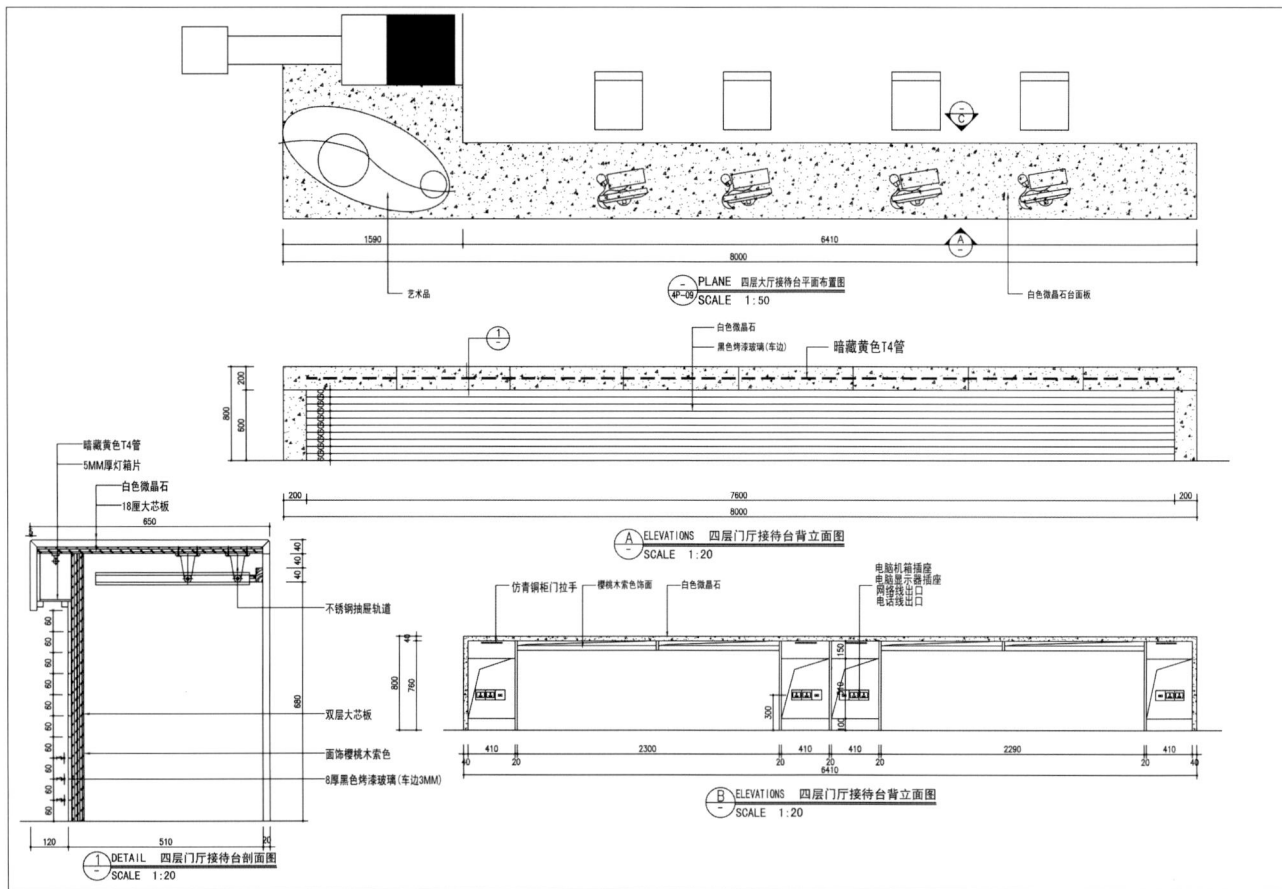

图19-28 大厅接待台平立面图

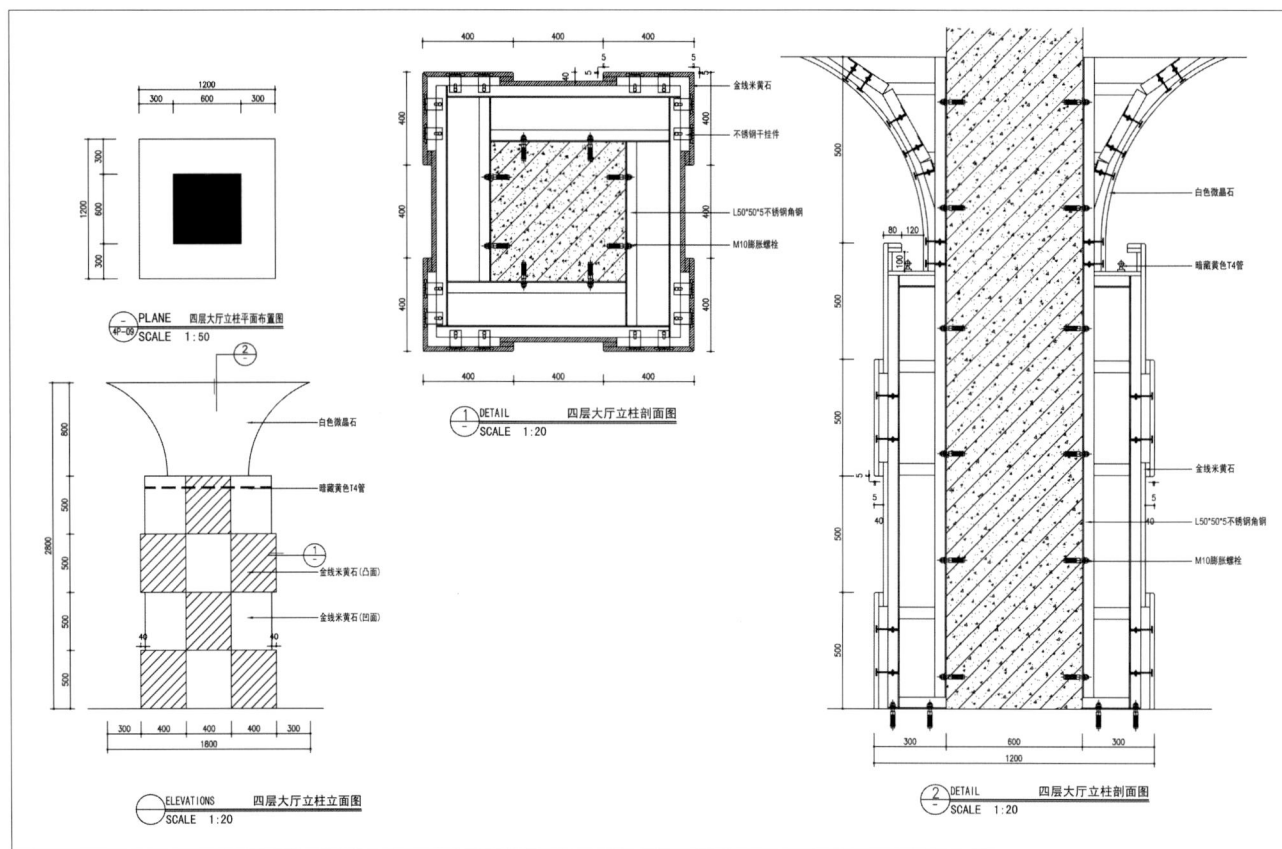

1200
300   600   300

1200
300   600   300

400   400   400

金线米黄石
不锈钢干挂件
L50*50*5不锈钢角钢
M10膨胀螺栓

白色微晶石

PLANE 四层大厅立柱平面布置图
4P-09 SCALE 1:50

400   400   400

DETAIL 四层大厅立柱剖面图
1 SCALE 1:20

白色微晶石
暗藏黄色T4管
金线米黄石(凸面)
金线米黄石(凹面)

白色微晶石
暗藏黄色T4管
金线米黄石
L50*50*5不锈钢角钢
M10膨胀螺栓

300   400   400   400   300
1800

ELEVATIONS 四层大厅立柱立面图
   SCALE 1:20

300   600   300
1200

DETAIL 四层大厅立柱剖面图
2 SCALE 1:20

图19-29 大厅立柱剖立面图

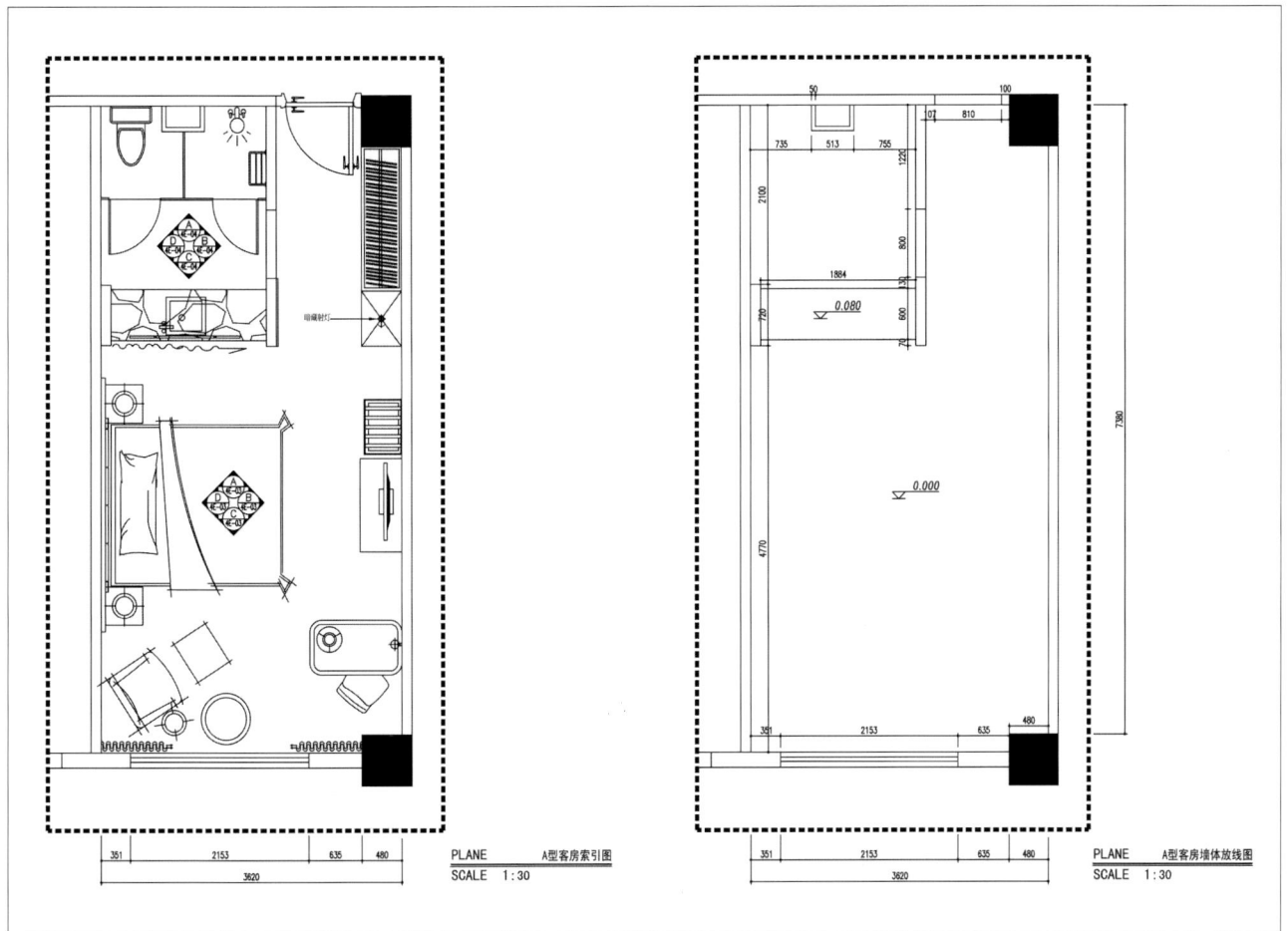

PLANE　A型客房索引图
SCALE　1：30

PLANE　A型客房墙体放线图
SCALE　1：30

图19-30　A型客房平面布置图

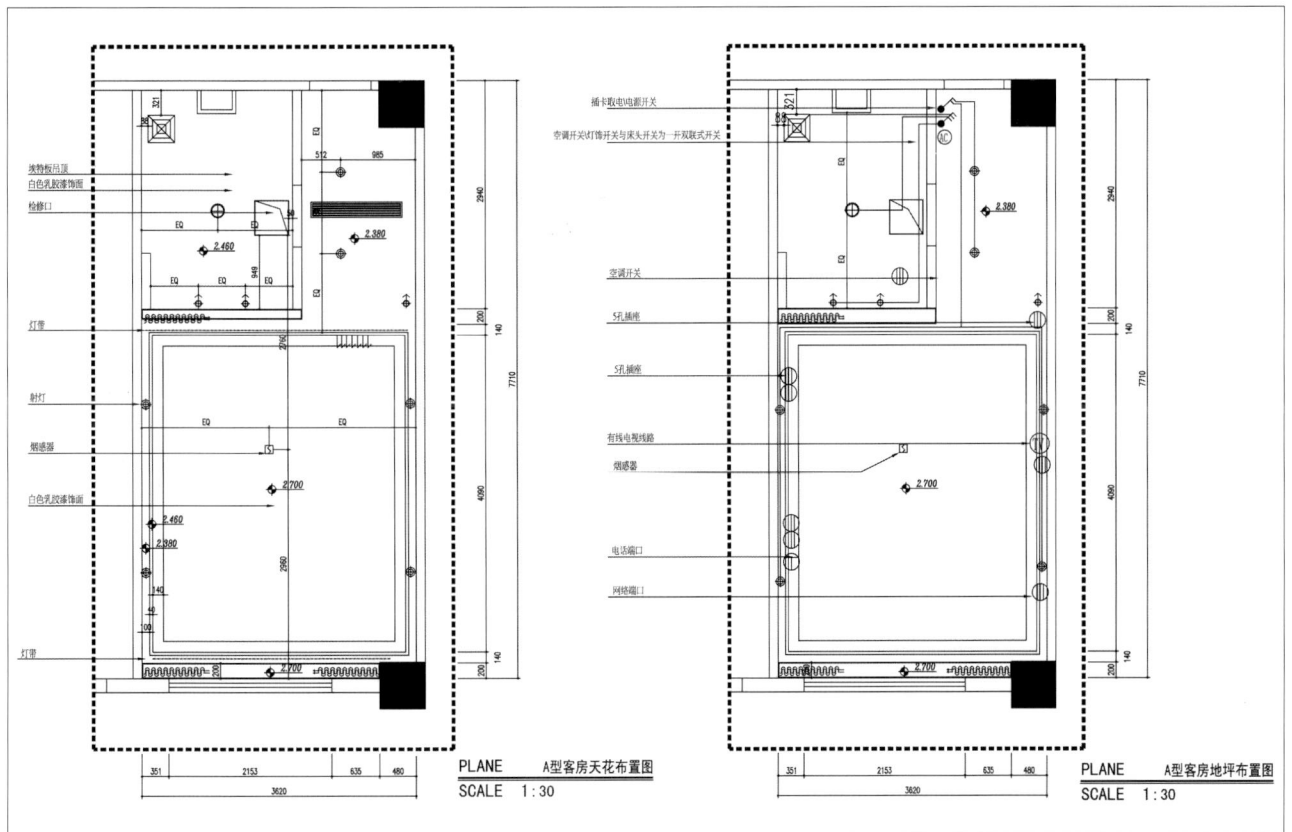

埃特板吊顶
白色乳胶漆饰面
检修口

灯带

射灯

烟感器

白色乳胶漆饰面

灯带

PLANE　A型客房天花布置图
SCALE　1：30

插卡取电电源开关
空调开关灯饰开关与床头开关为一开双联式开关

空调开关

5孔插座

5孔插座

有线电视线路

烟感器

电话端口

网络端口

PLANE　A型客房地坪布置图
SCALE　1：30

图19-31　A型客房天花、地坪布置图

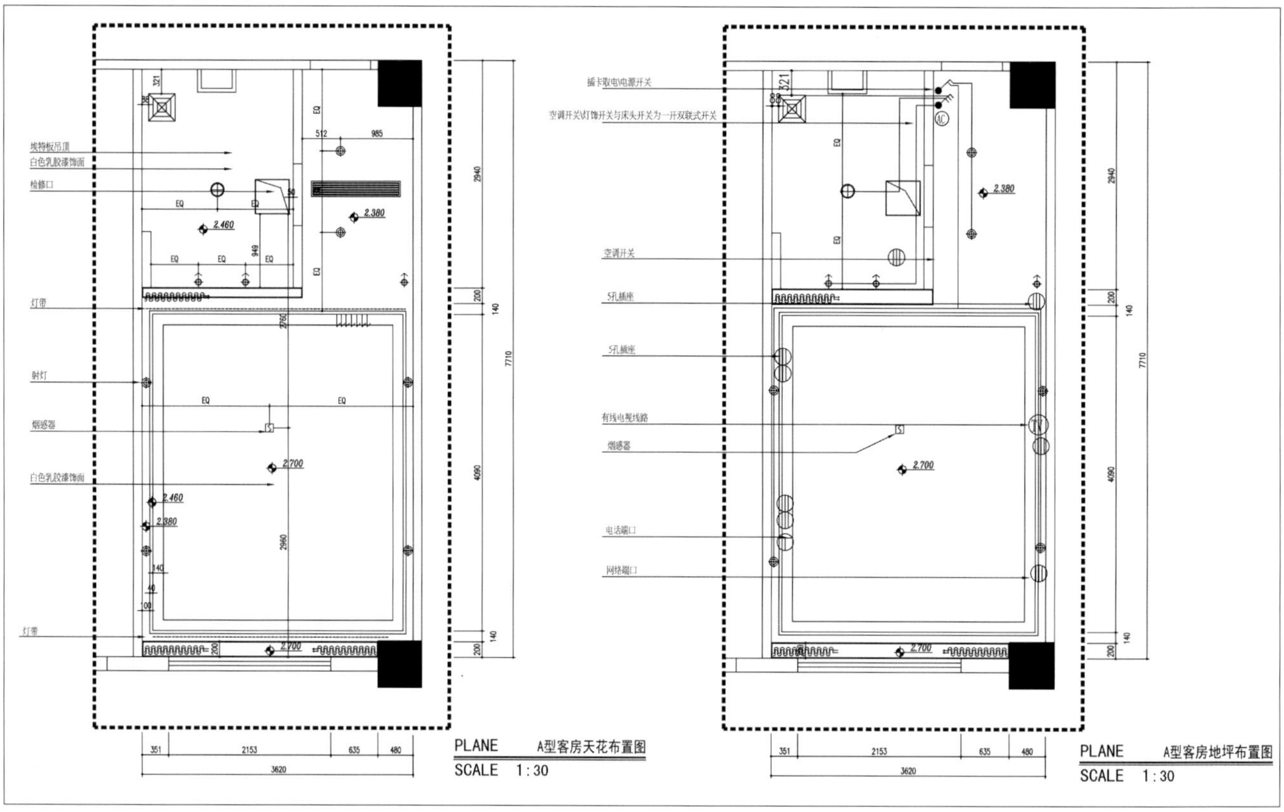

PLANE　A型客房天花布置图
SCALE　1:30

PLANE　A型客房地坪布置图
SCALE　1:30

图19-32　A型客房索引图

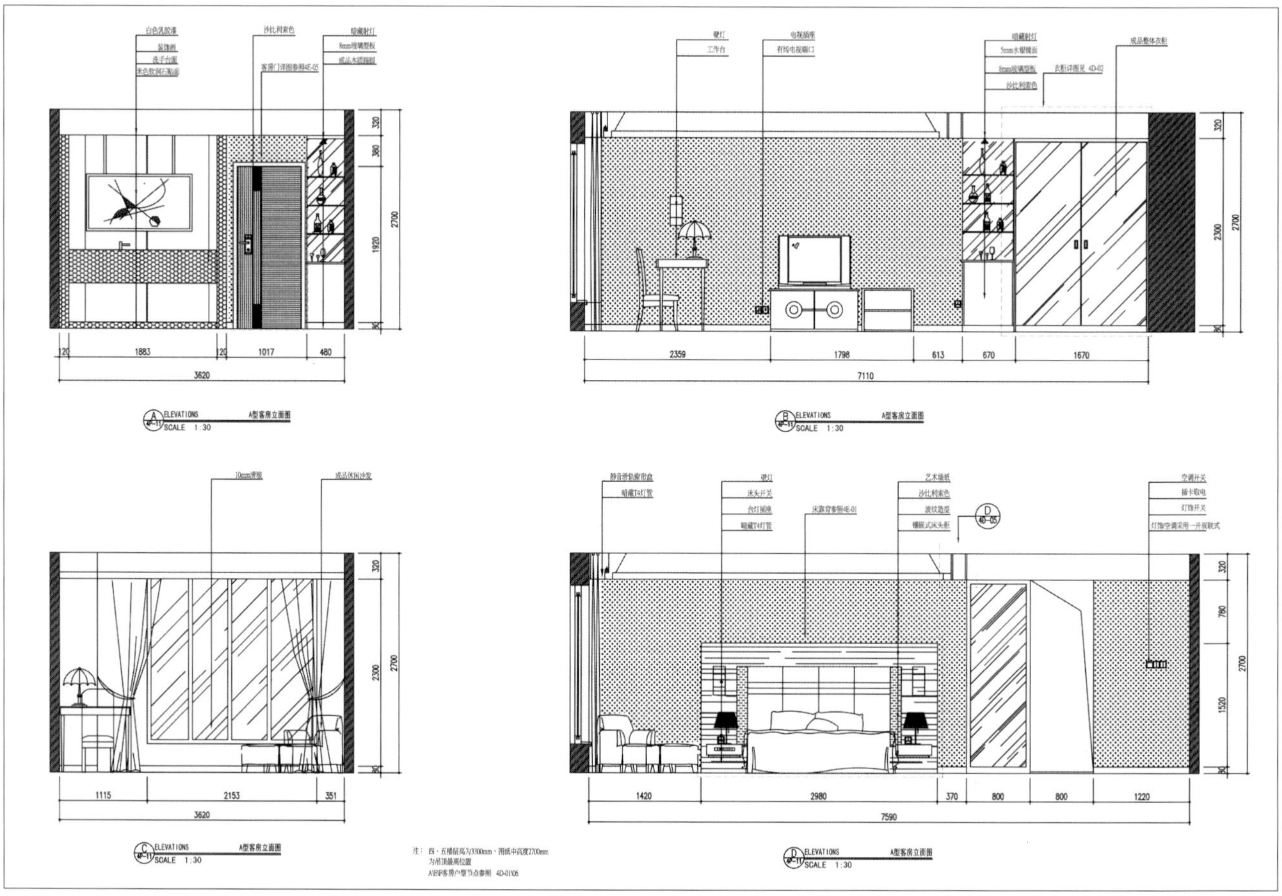

图19-33　A型客房立面图

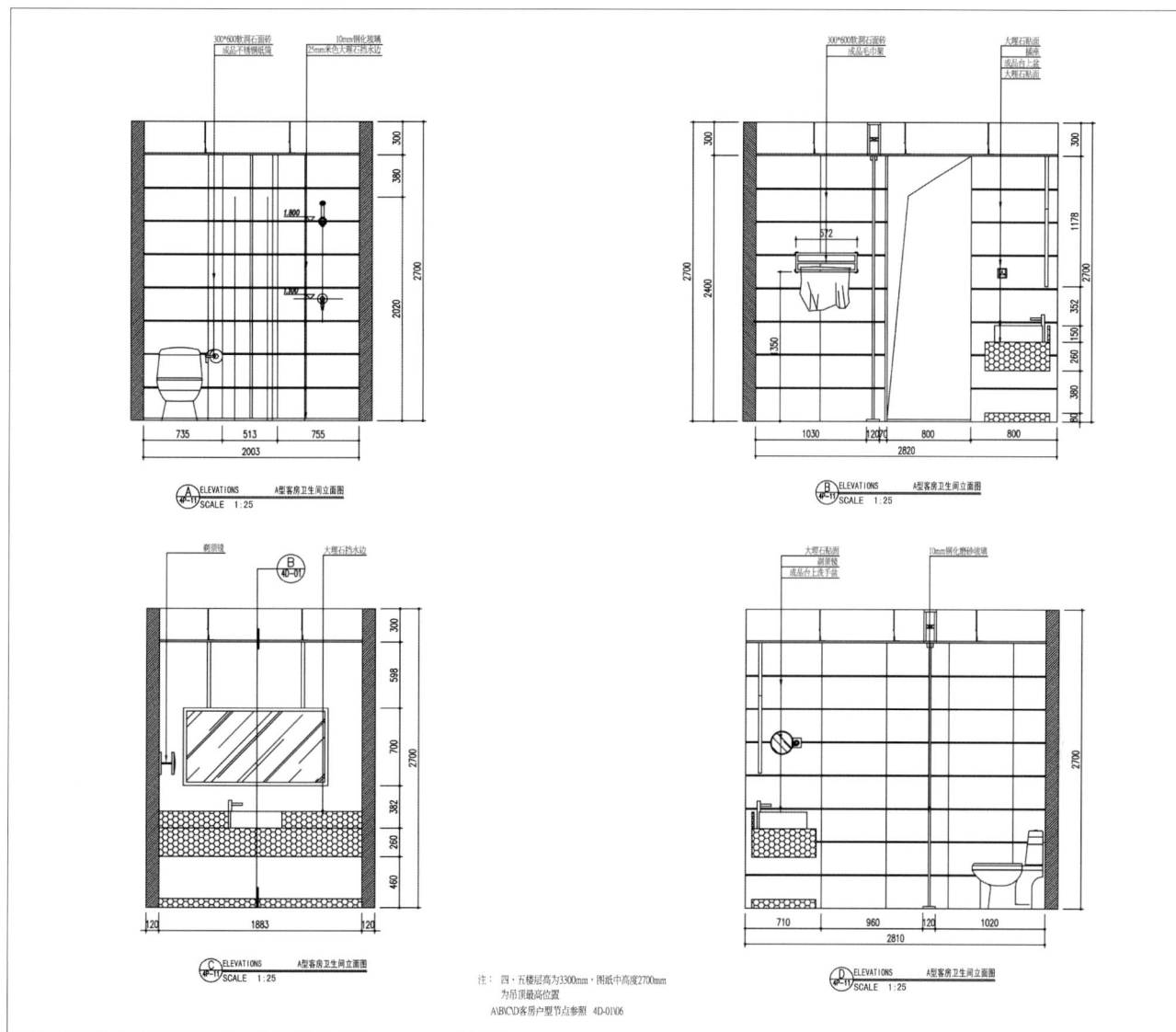

图19-34 A型客房卫生间立面图

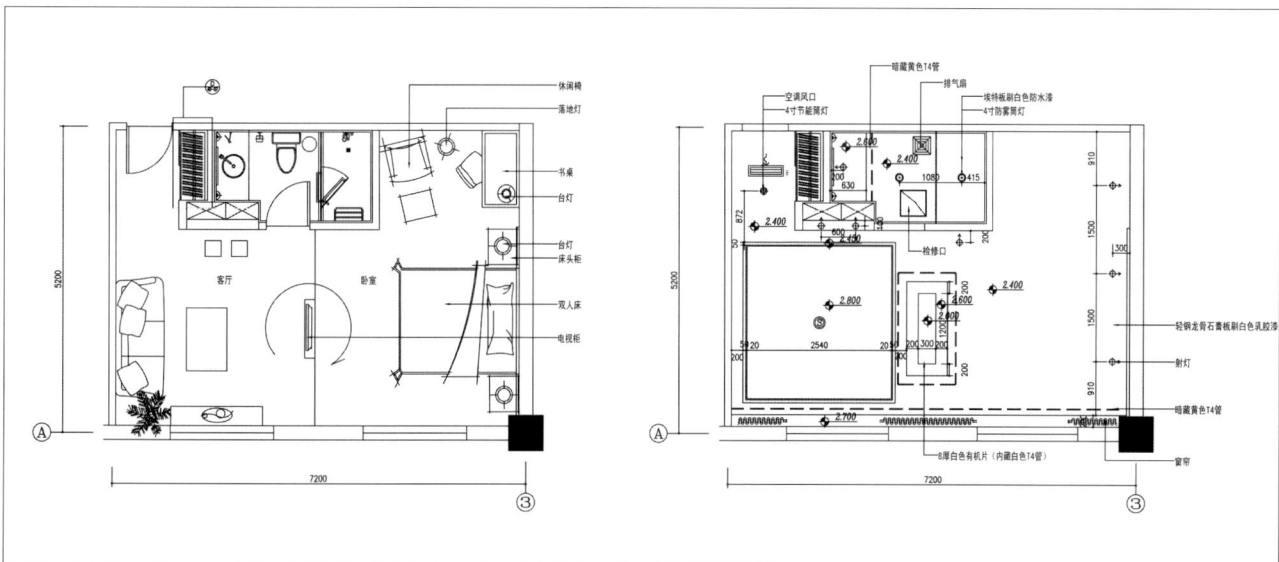

图19-35 E型客房平面布置图

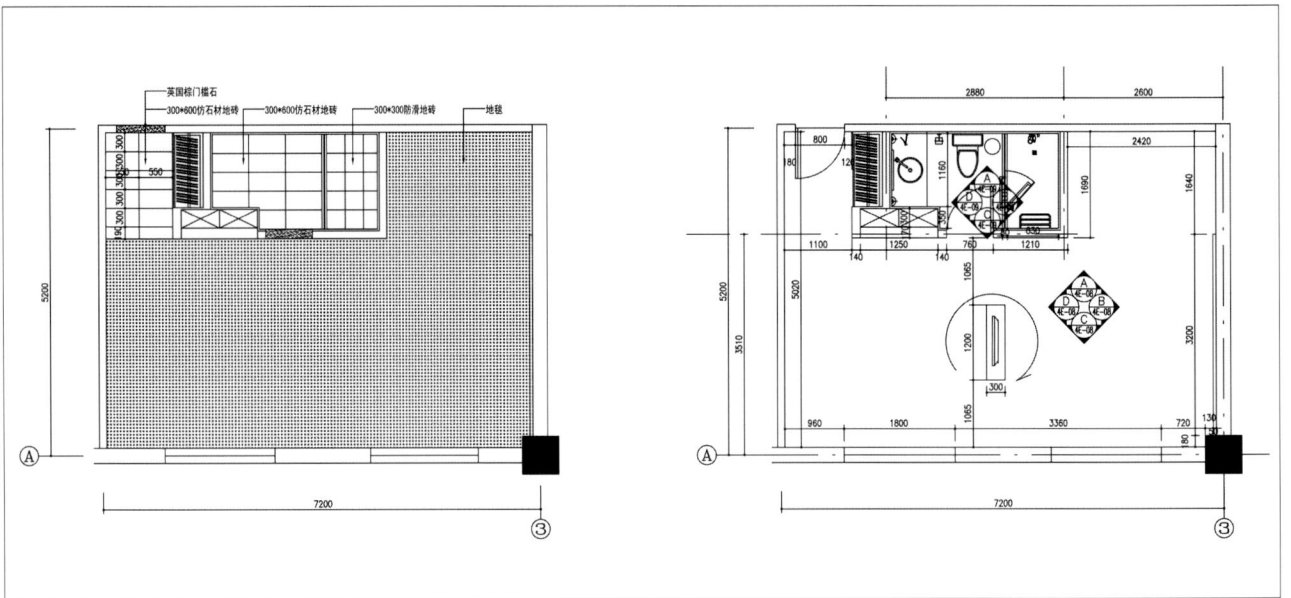

图19-36 E型客房地坪布置图

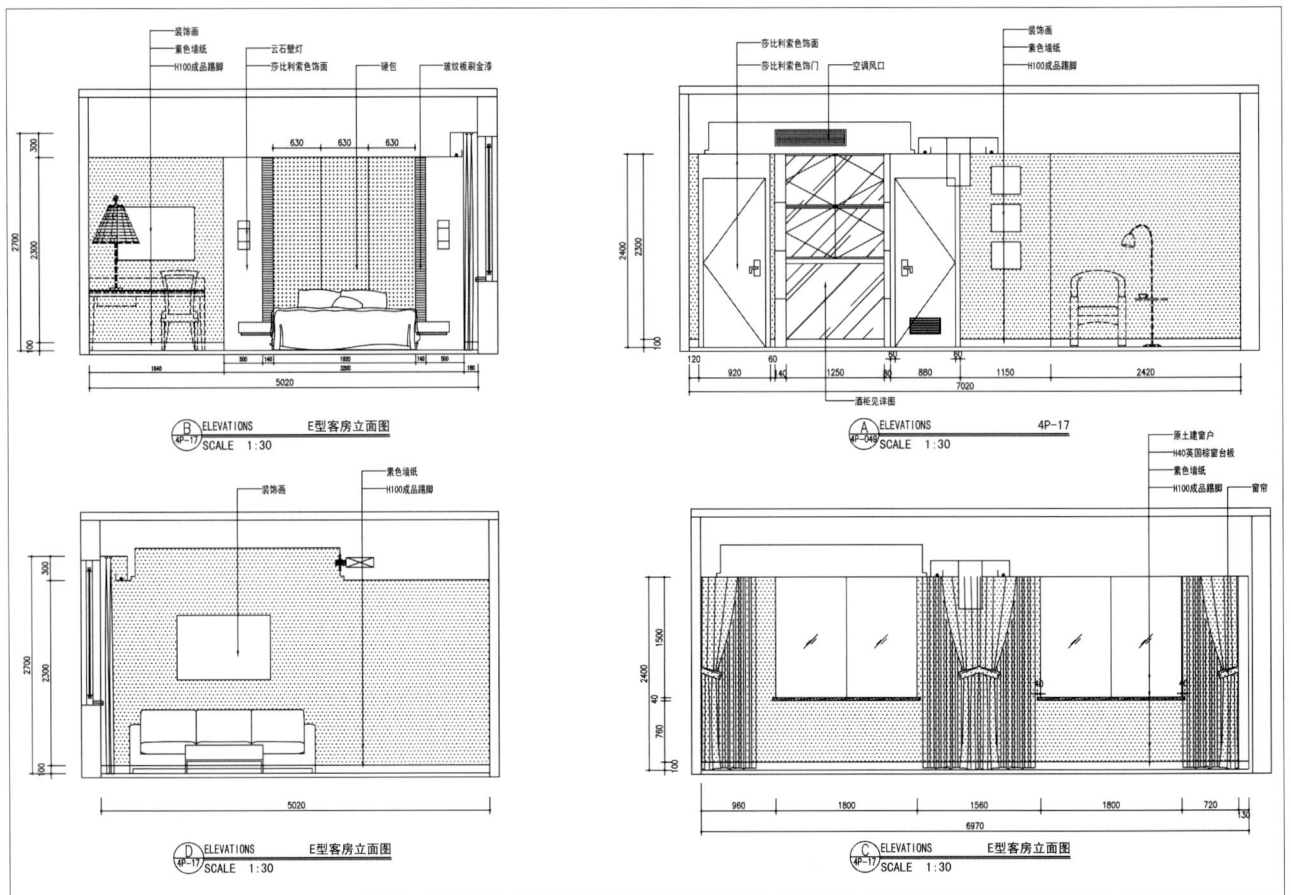

图19-37 E型客房立面图

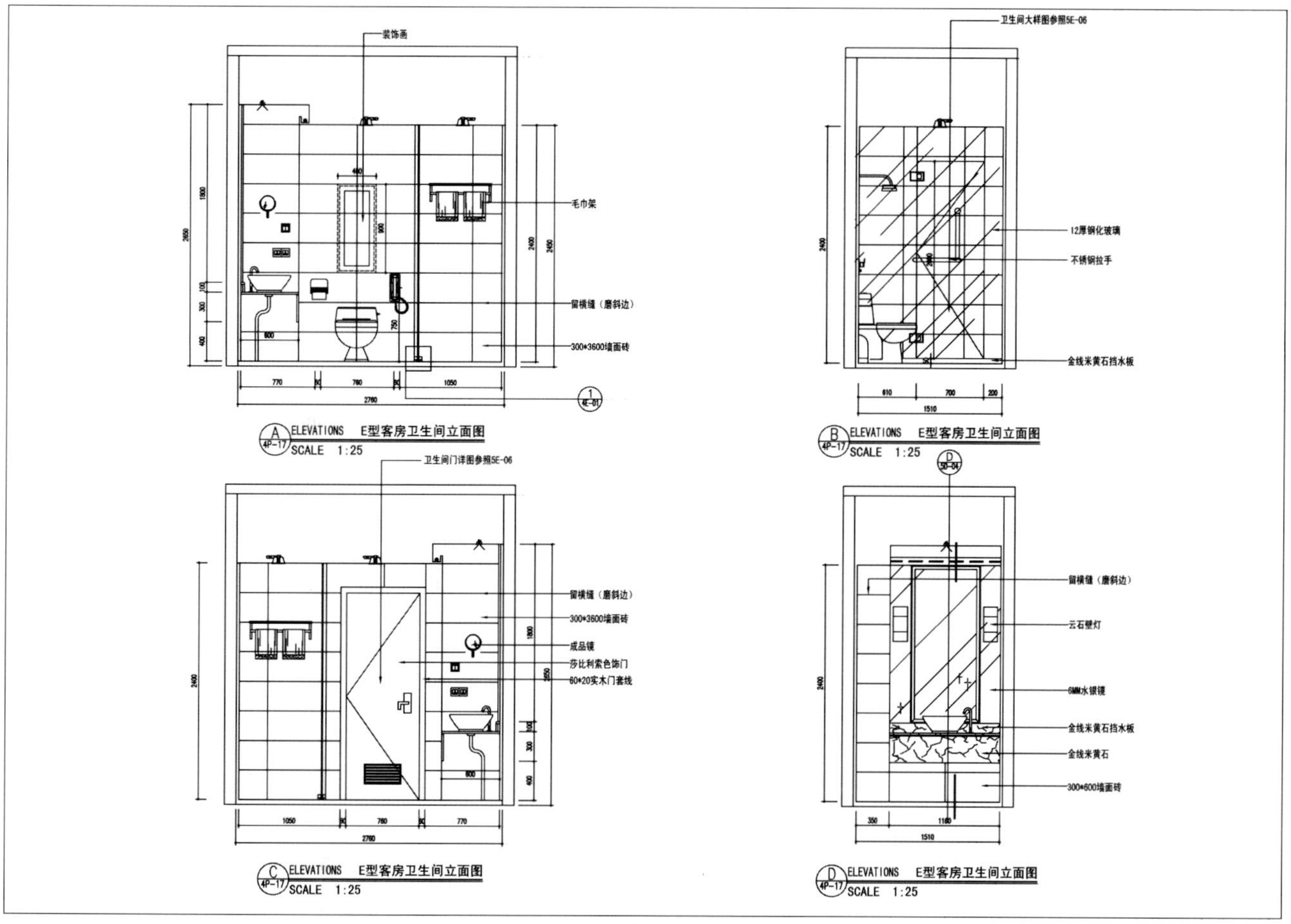

A ELEVATIONS　E型客房卫生间立面图
SCALE　1:25

B ELEVATIONS　E型客房卫生间立面图
SCALE　1:25

C ELEVATIONS　E型客房卫生间立面图
SCALE　1:25

D ELEVATIONS　E型客房卫生间立面图
SCALE　1:25

图19-38　E型客房卫生间立面图

PLANE　E型客房衣柜详图
SCALE　1:15

D ELEVATIONS　E型客房衣柜详图
SCALE　1:15

D ELEVATIONS　E型客房衣柜详图
SCALE　1:15

1 DETAIL　E型客房衣柜详图
SCALE　1:15

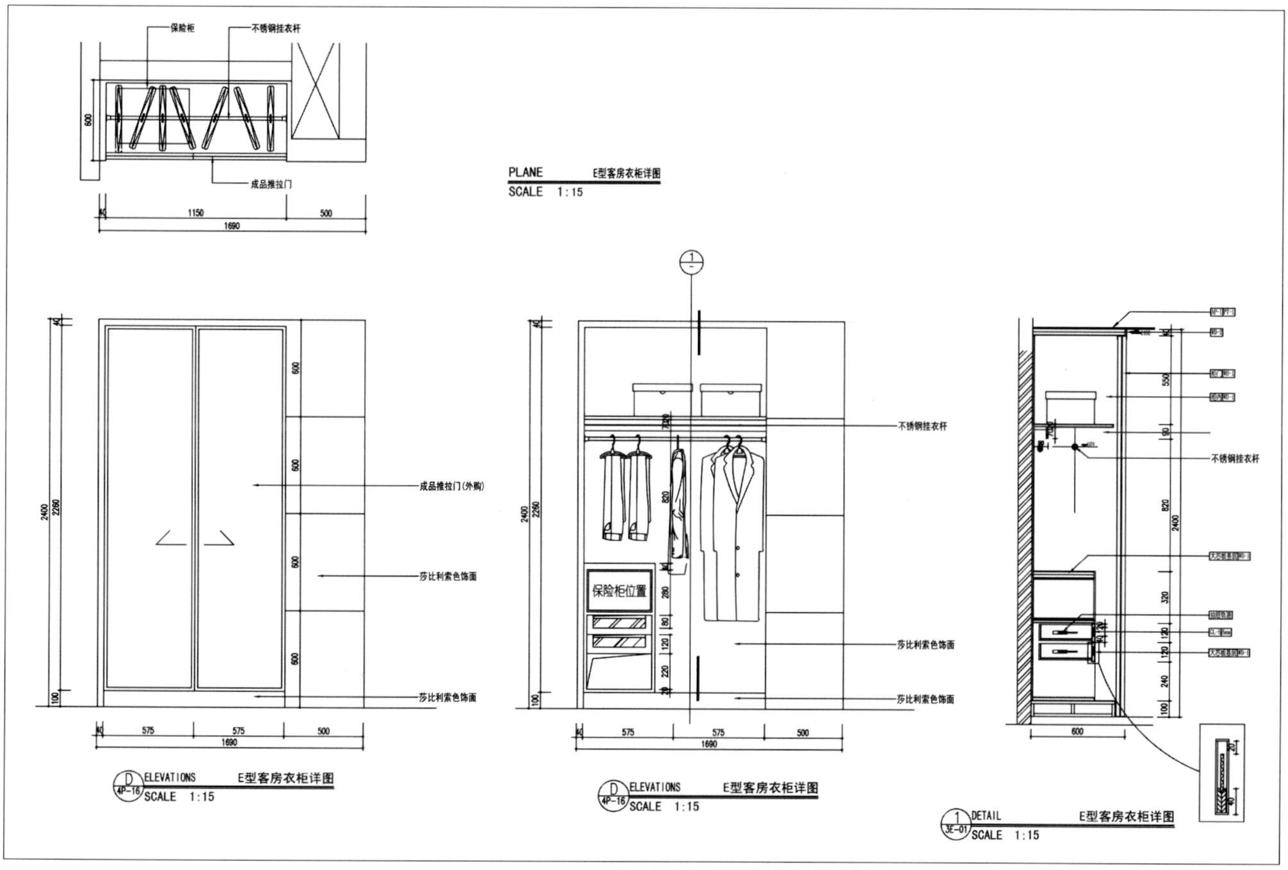

图19-39　E型客房衣柜详图

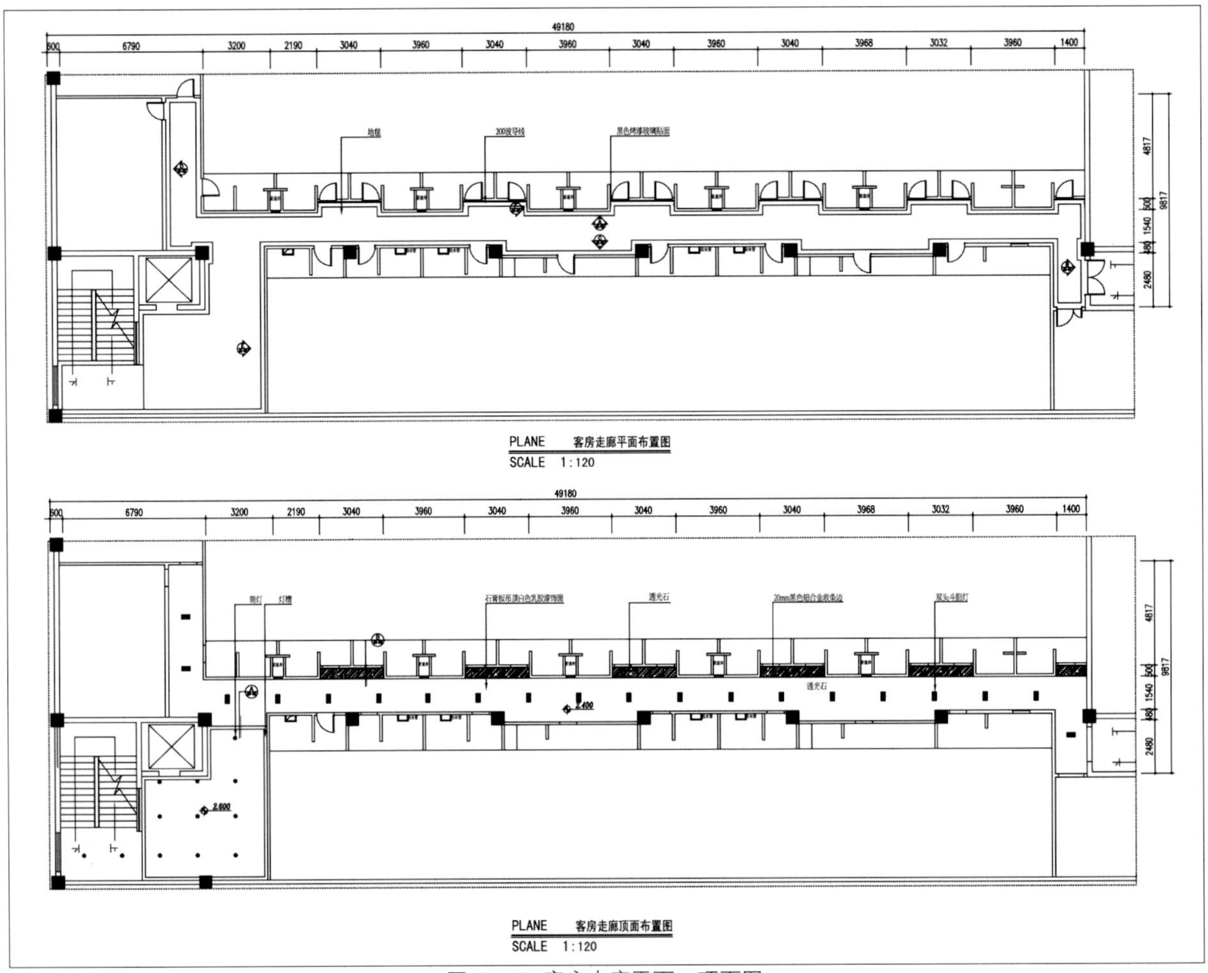

图19-40 客房走廊平面、顶面图

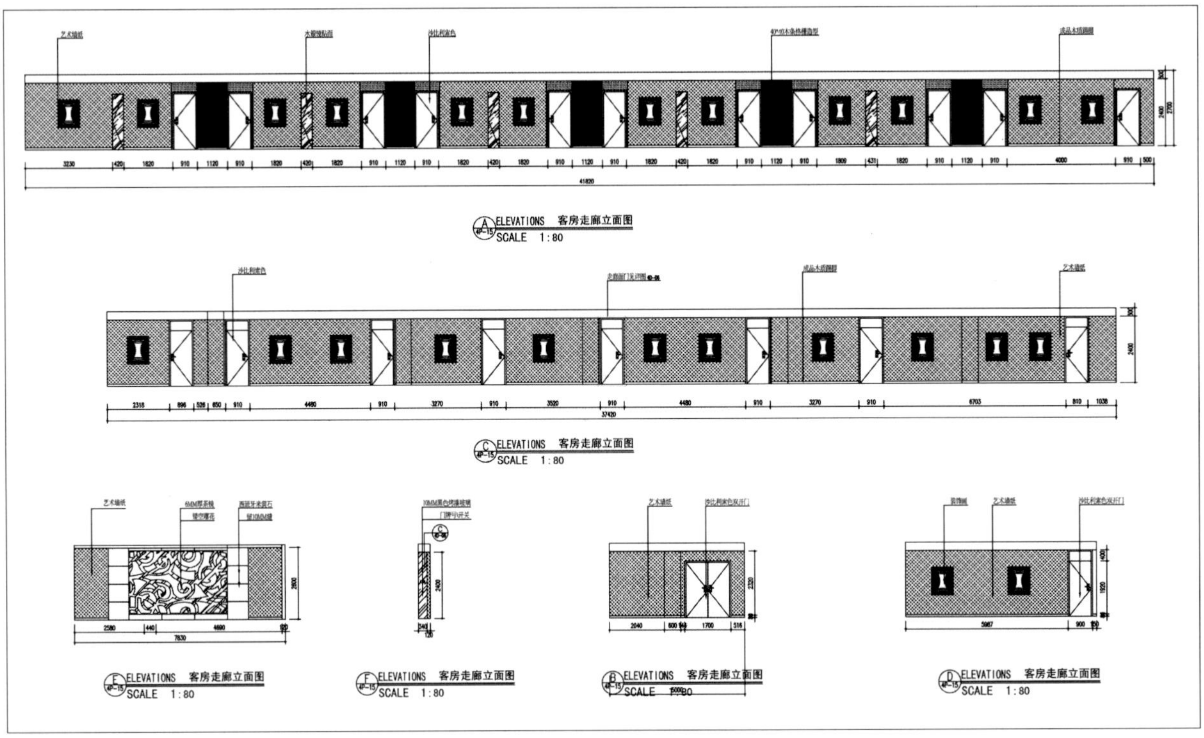

图19-41 客房走廊立面图

施工图作为该方案设计的最后一项工作,完成后要交由相关单位进行审图,之后就可以交给施工单位进行施工了。

20 家装案例——某别墅室内空间设计

20.1 项目概况及前期准备

（1）项目概况

随着生活品质的迅速提高，普通家庭住宅已不能满足富裕成功人士的置业需求。他们强烈追求更加高档的居住格调与生活品质，逃离嘈杂的都市喧嚣，回归纯朴自然的别墅生活已成为广大城市精英们的共识。然而，由于传统别墅远离城市，生活成本高，配套设施薄弱，只能作为第二居所周末度假之用，别墅使用率一直不高。随着别墅开发理念的成熟，集居家度日和休闲度假于一体的城市别墅已经悄然兴起。

别墅室内空间是居室室内空间设计的集中体现，它几乎包含了普通住宅室内空间所涉及的所有问题，而且它所要考虑到的风格品位等问题让设计师更有自由发挥的空间（图 20-1，图 20-2）。如果能将别墅室内空间设计好，那么设计普通的家庭居室应该也没有问题。

该项目为某别墅室内空间设计。项目坐落在湖南长沙，项目完成时间为 2008 年。

图20-1 莱特设计的"流水别墅"室外景观

图20-2 莱特设计的"流水别墅"室内实景

107

（2）前期准备

在接到项目委托以后，我们就进入到了项目设计的准备阶段，在这个阶段，我们跟甲方进行了充分的沟通，了解了客户的家庭结构以及每个家庭成员的喜好和需求。在此次别墅设计中，客户希望我们的方案体现出别墅的古典主义气质，并且尽量充分利用每一个空间，由于客户经常要接待一些客人，所以我们会考虑适当地增加客房或次卧的数量，并对别墅的整体风格进行有针对性的设计（图20-3～图20-5）。

图20-3 别墅室外考察照片

图20-4 别墅一层室内现场照片

图20-5 别墅二层室内现场照片

20.2 方案草图构思及整体设计

（1）方案草图构思

在完成设计前期准备阶段以后，我们就进入了正式的方案设计阶段。在这个阶段我们要完成设计方案的平面图、立面图、剖面图以及三维效果图的制作，并且要列出比较详细的工程预算单。

此次别墅设计的重点仍然是对功能与风格的把握。由于该别墅面积较大，有设计师认为功能应该不是问题，这其实是一个误区。由于建筑设计的局限性，经常会造成别墅面积的利用率不均等，使用频繁的空间有时候面积会局促，而有些很少有人涉及的空间倒反而留了很大的面积。这时候，需要在室内设计的过程中做必要的调整，以合理的功能安排和布局，满足客户对于生活功能的要求。

在具体别墅风格的选择上，新古典风格是古典与现代最完美的结合，在现代生活的语境中享受古典文化的醇厚与经典，复古的格调中却时刻能够感触到轻盈的气息，使得整个室内空间显得凝重、典雅。

下面是我们在方案设计前期画的部分分析草图（图 20-6～图 20-13）。

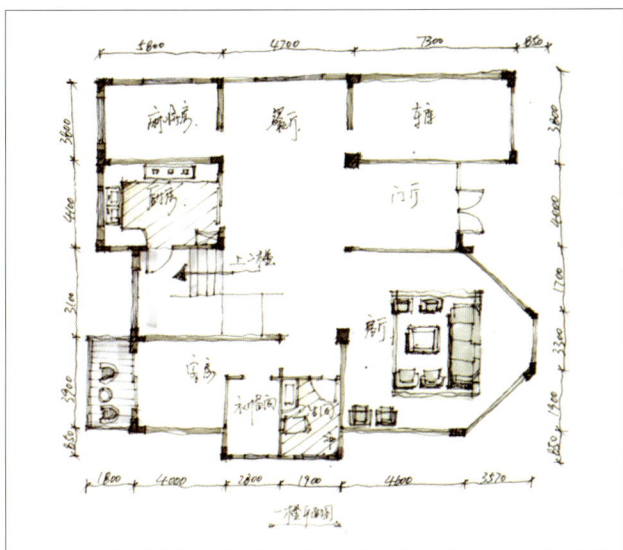

图20-6 别墅一层平面布置草图

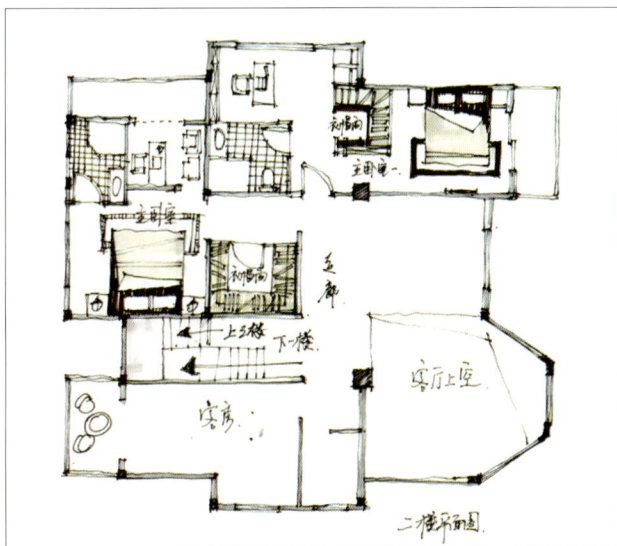

图20-7 别墅二层平面布置草图

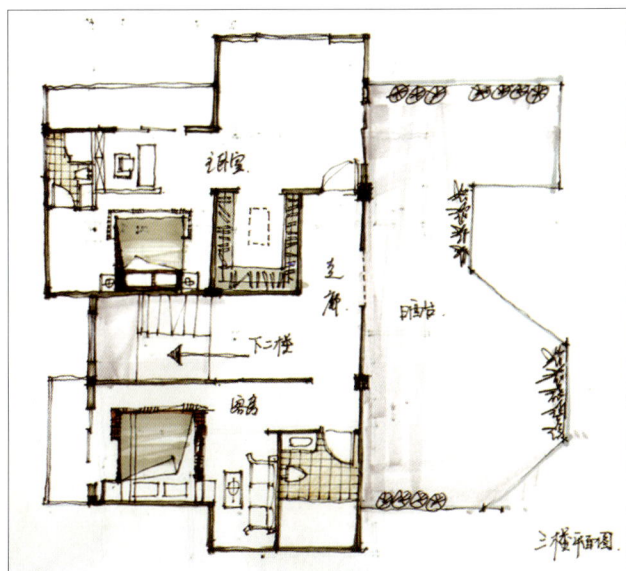

图20-8 别墅三层平面布置草图

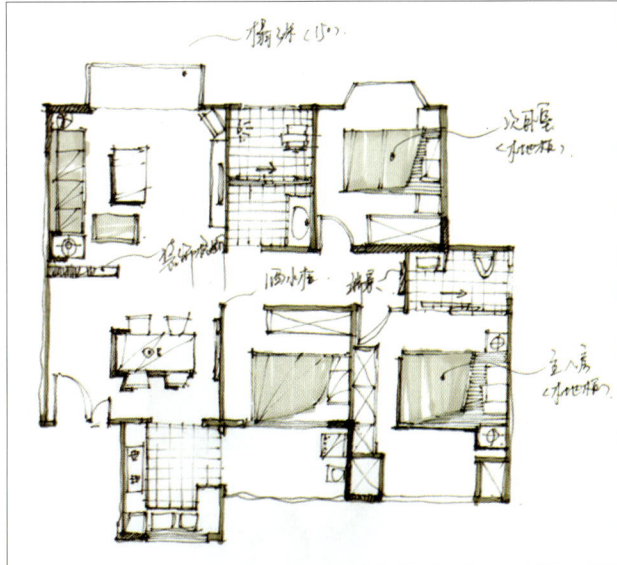

图20-9 别墅局部平面布置草图

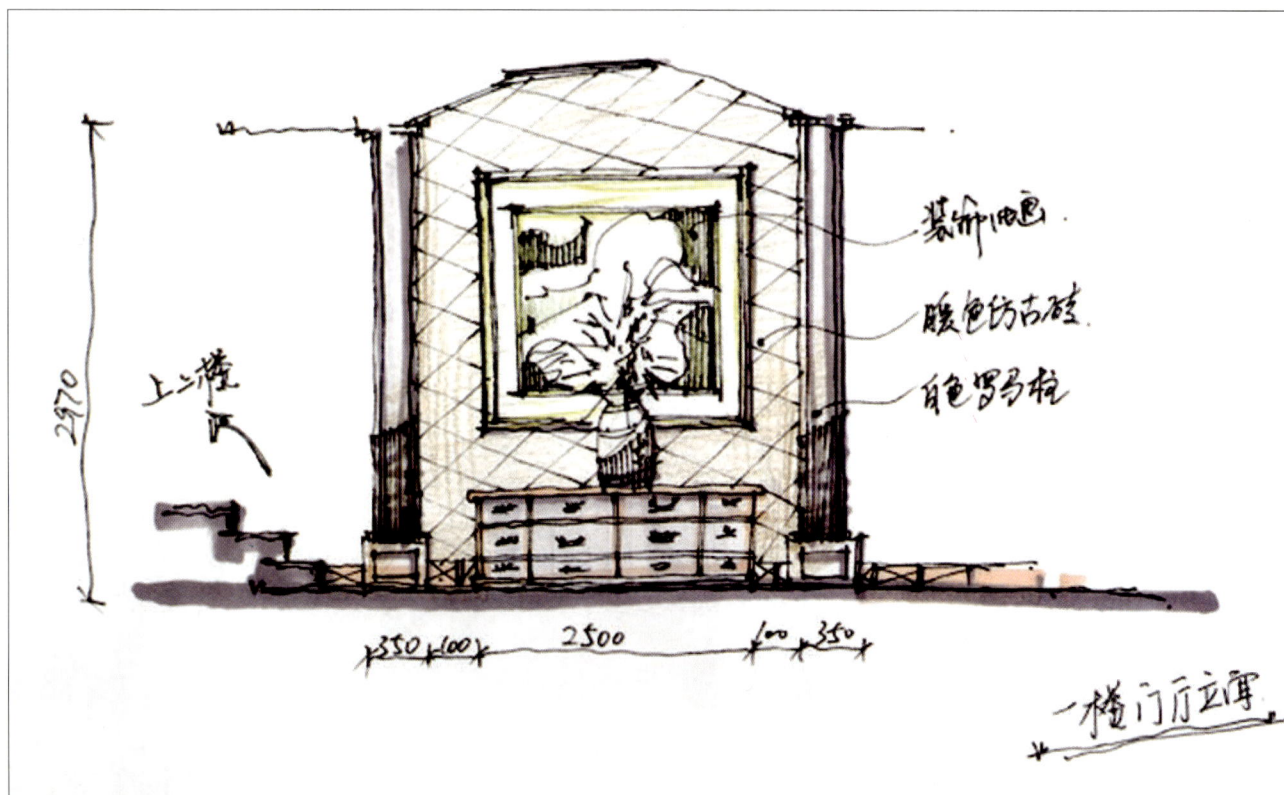

图20-10 一楼门厅立面草图

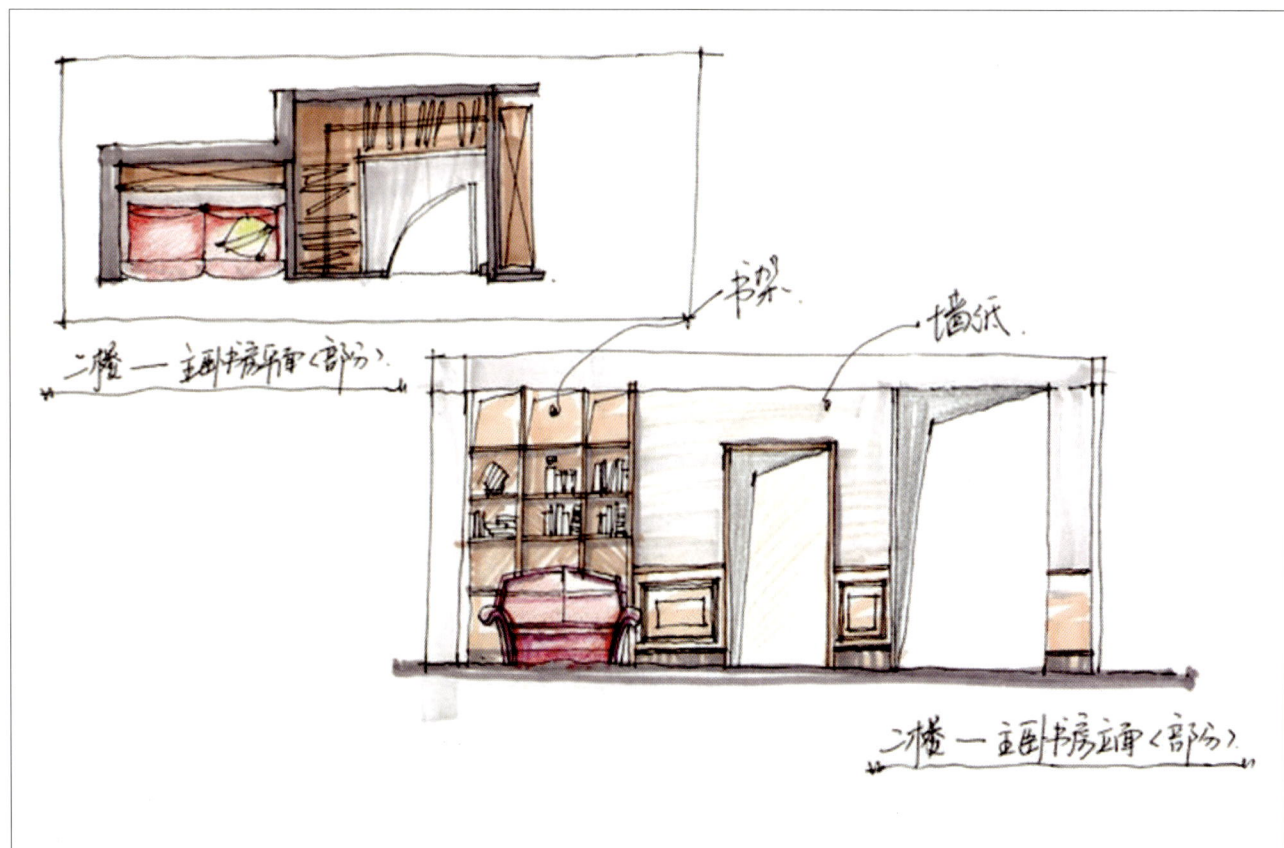

图20-11 二楼主卧书房平面、立面草图

图20-12　二楼主卧书房平面、立面草图

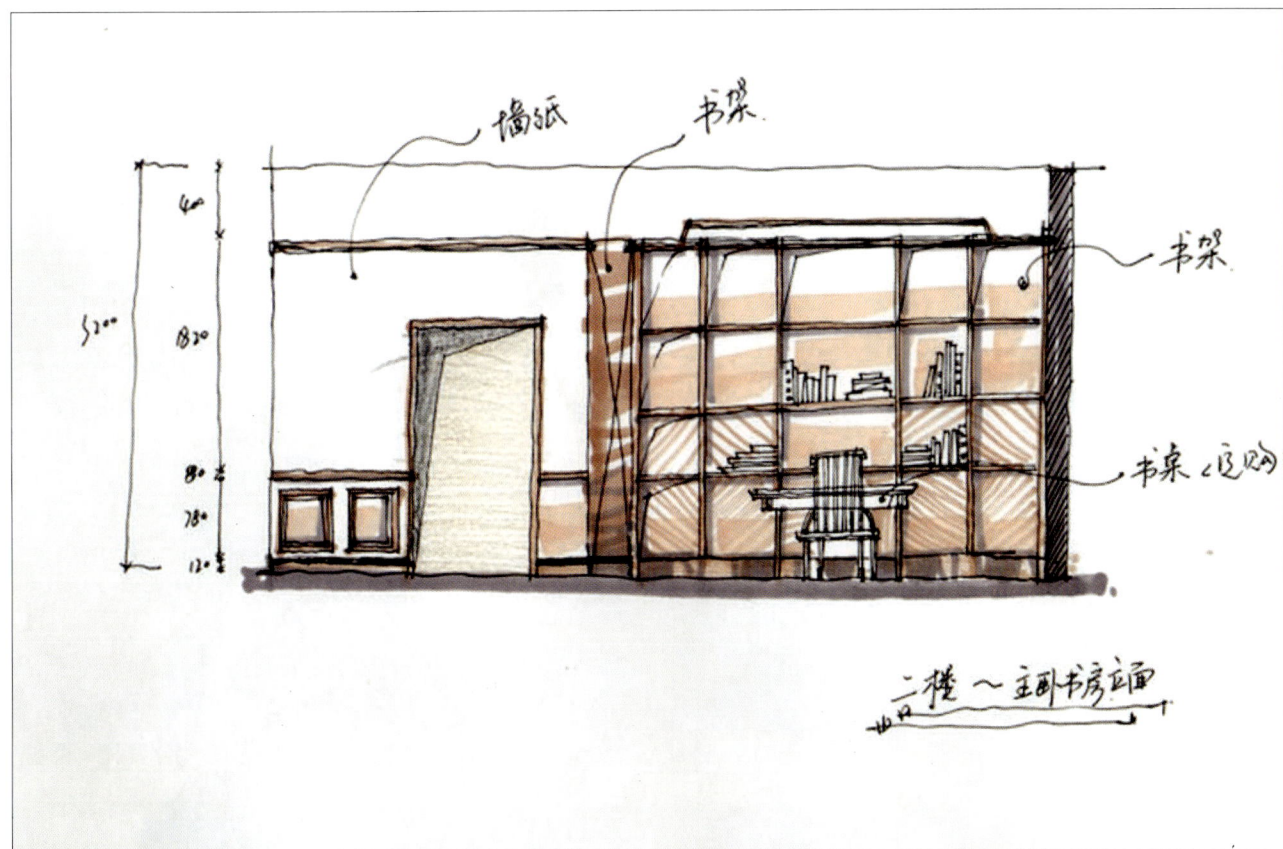

图20-13　二楼主卧书房平面、立面草图

(2)方案整体设计

在方案草图基本定下来以后，可以以简报的形式跟客户进行沟通，并一起探讨方案的可行性。一般在这个阶段，客户会提出一些修改意见，而设计师则根据客户的反馈对前期的草案进行调整和深化，最后完成正式的方案设计。

下图就是我们为客户设计的部分正式方案图纸（图20-14～图20-20）。

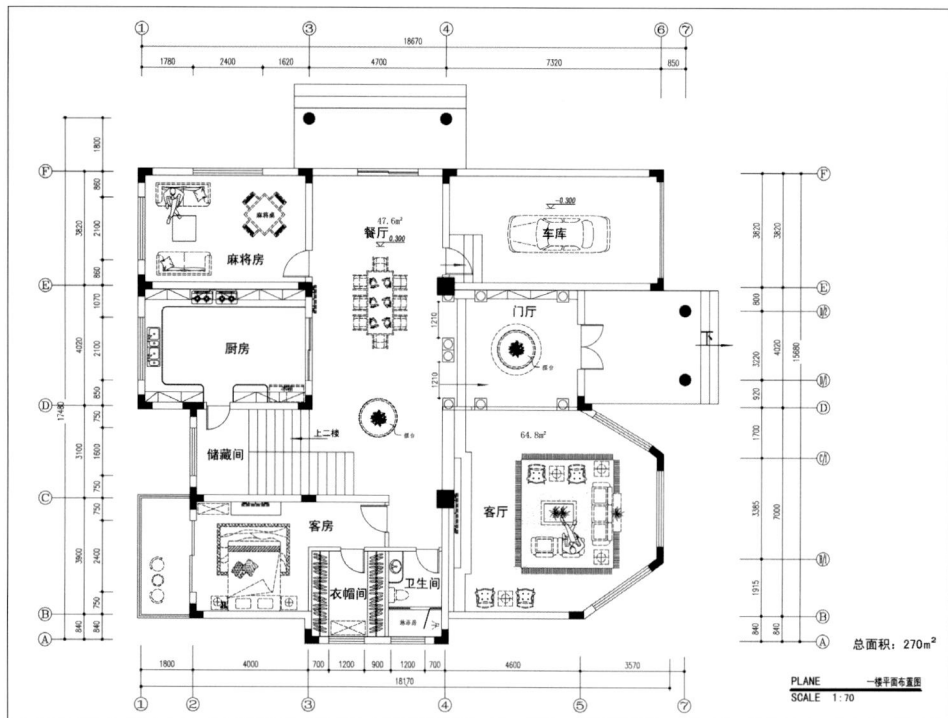

图20-14 别墅一楼平面布置图

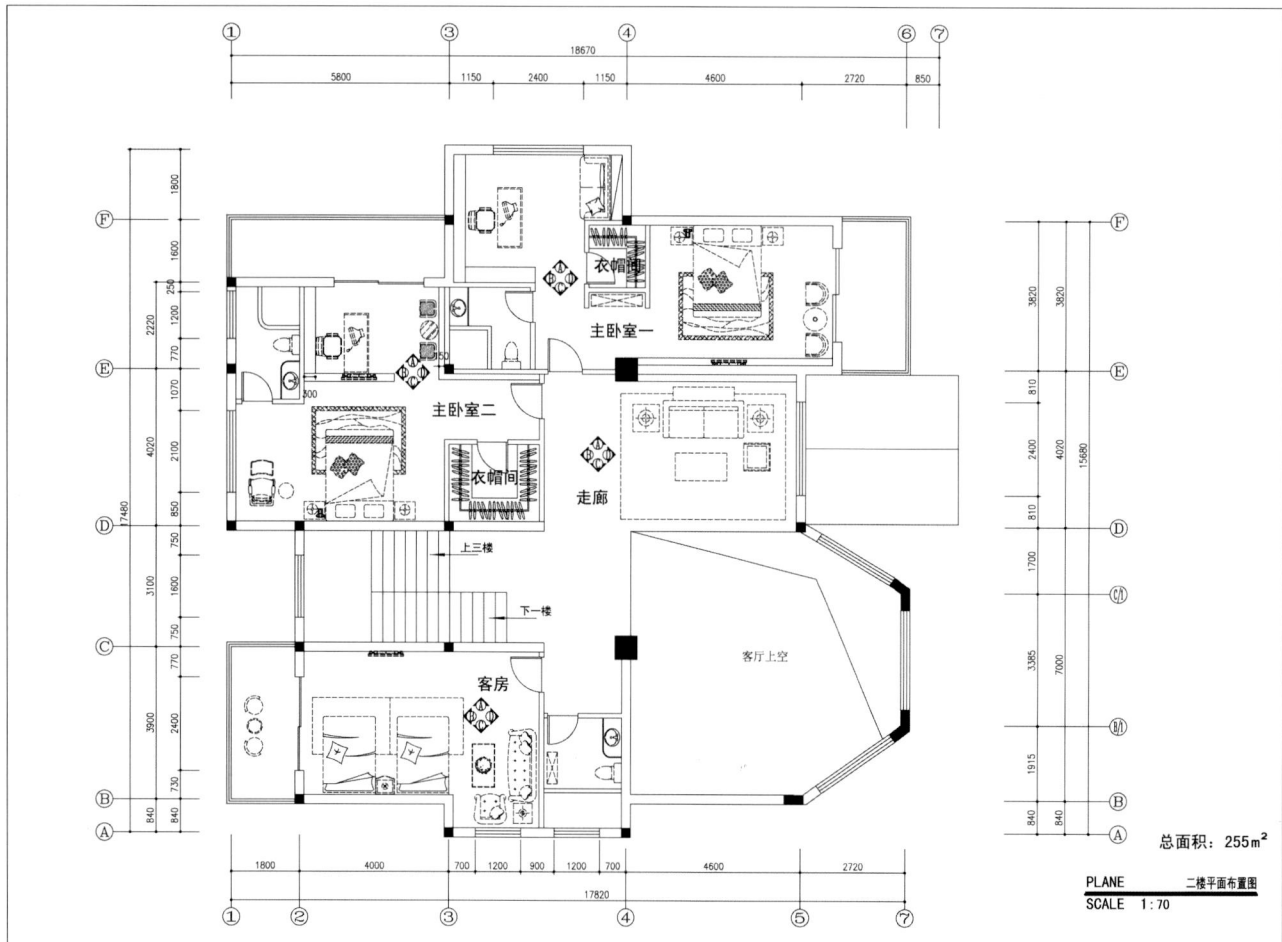

图20-15 别墅二楼平面布置图

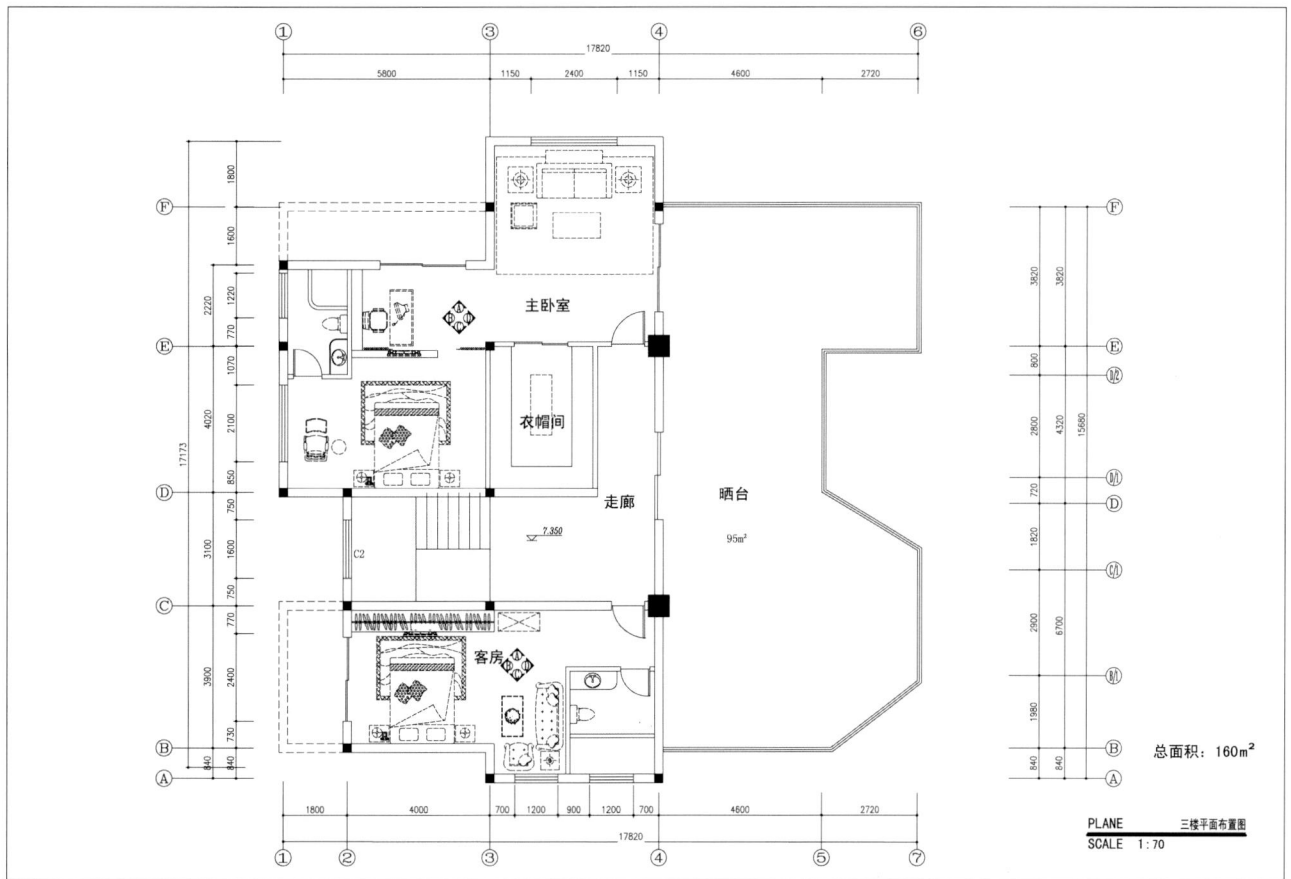

图20-16 别墅三楼平面布置图

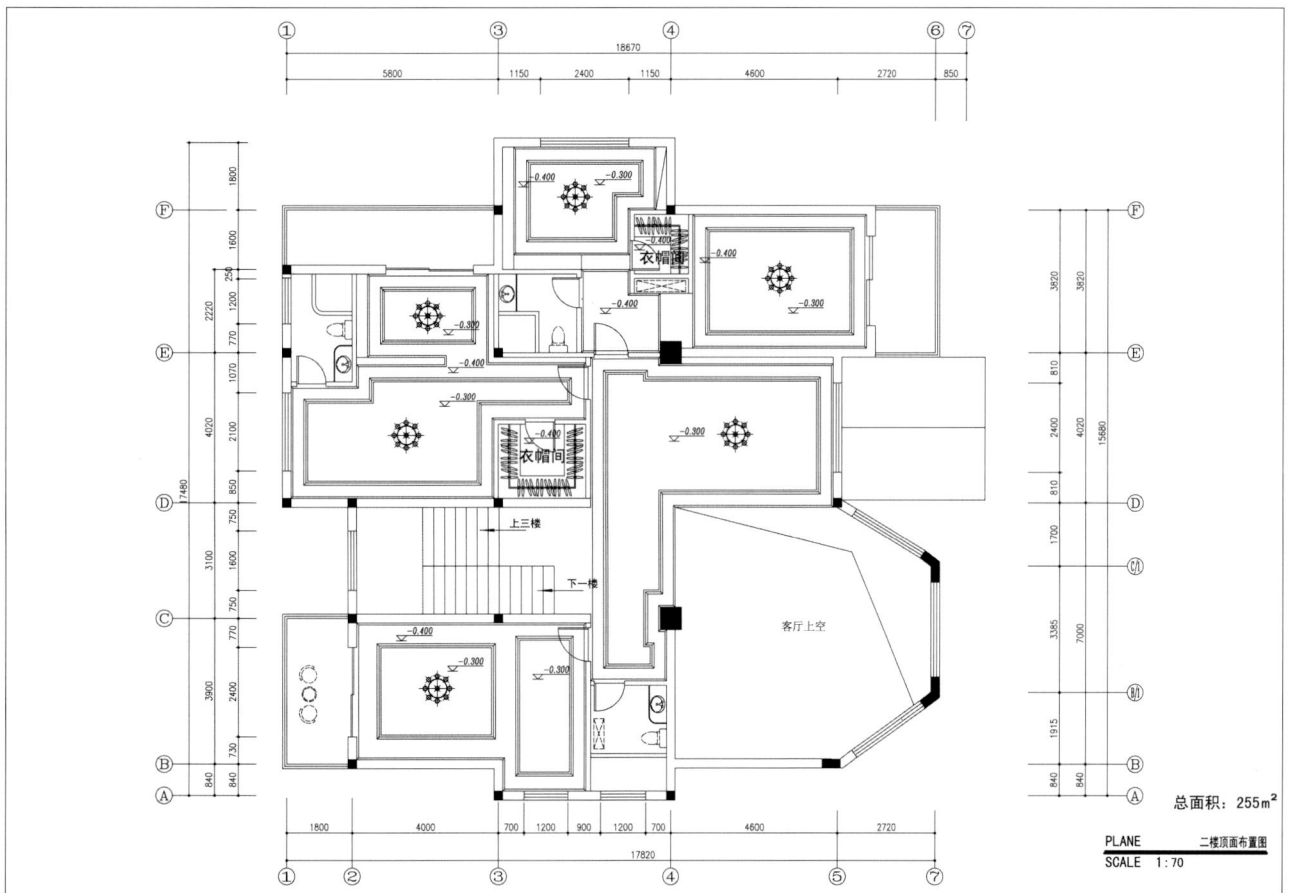

图20-17 别墅二楼顶面布置图

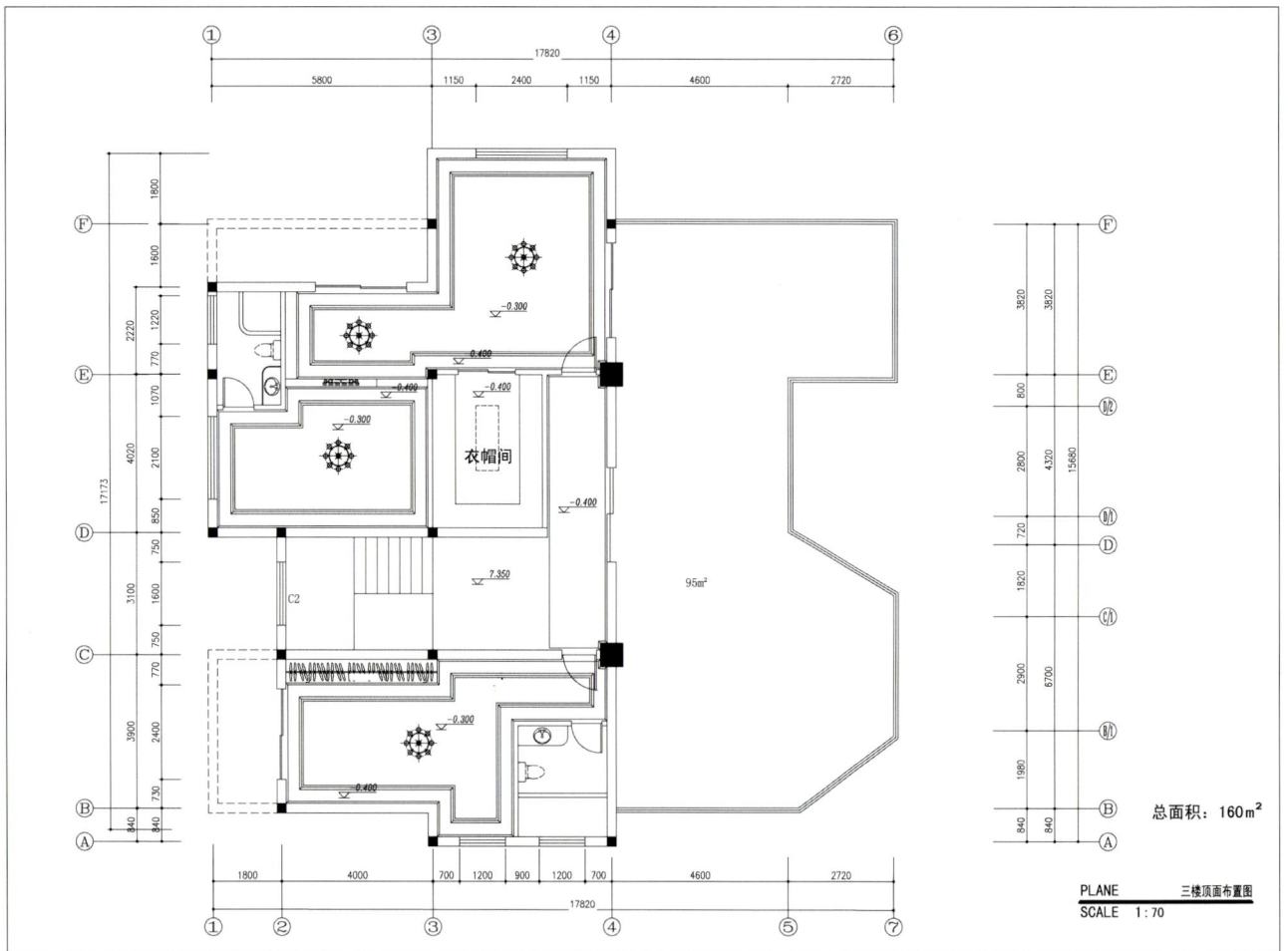

图20-18 别墅三楼顶面布置图

图20-19 别墅一层客厅效果图

图20-20 别墅一层餐厅效果图

20.3 别墅室内施工图设计

下面是此次设计的别墅的部分室内施工图（图 20-21～图 20-29）。

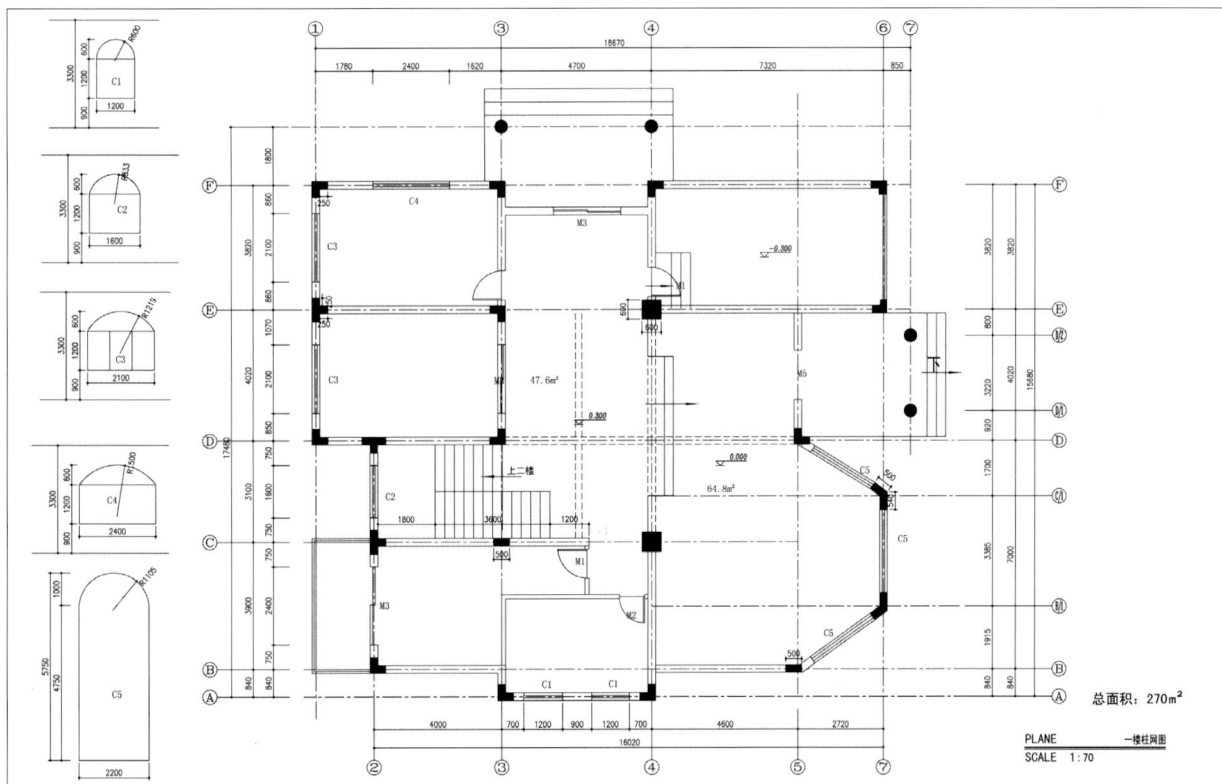

图20-21 别墅一层柱网图

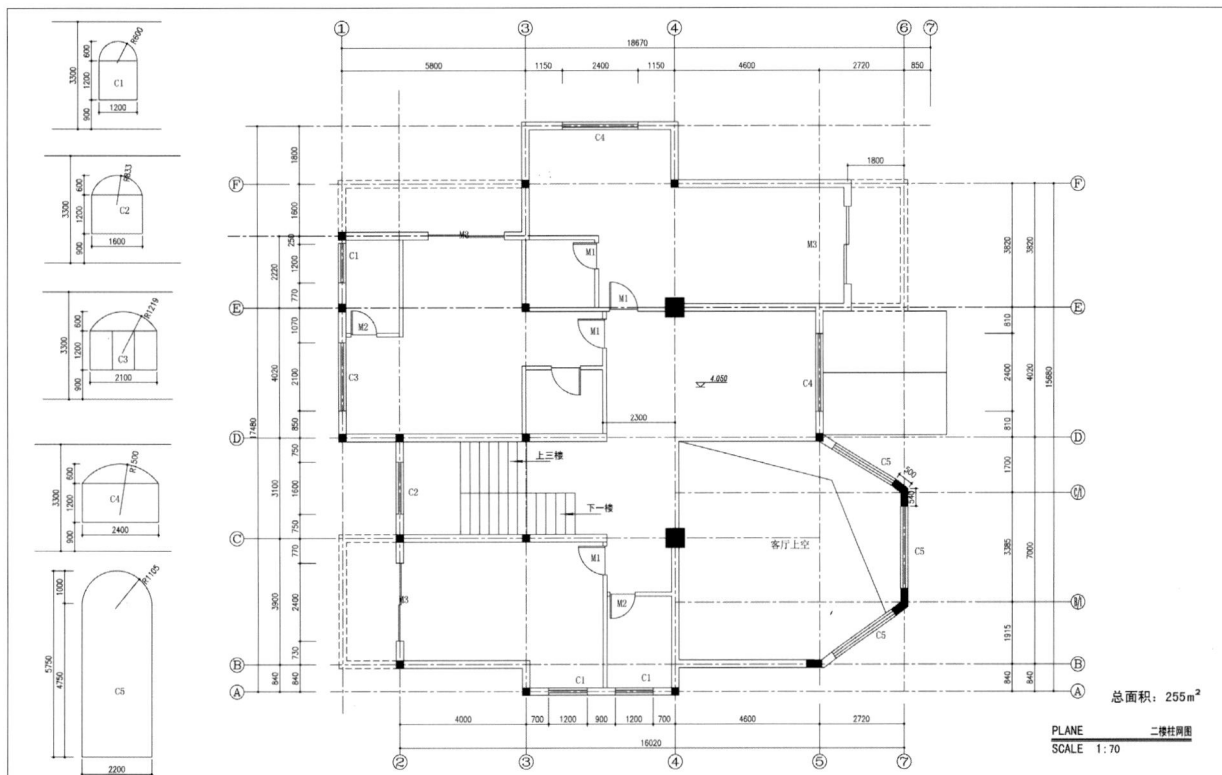

图20-22 别墅二层柱网图

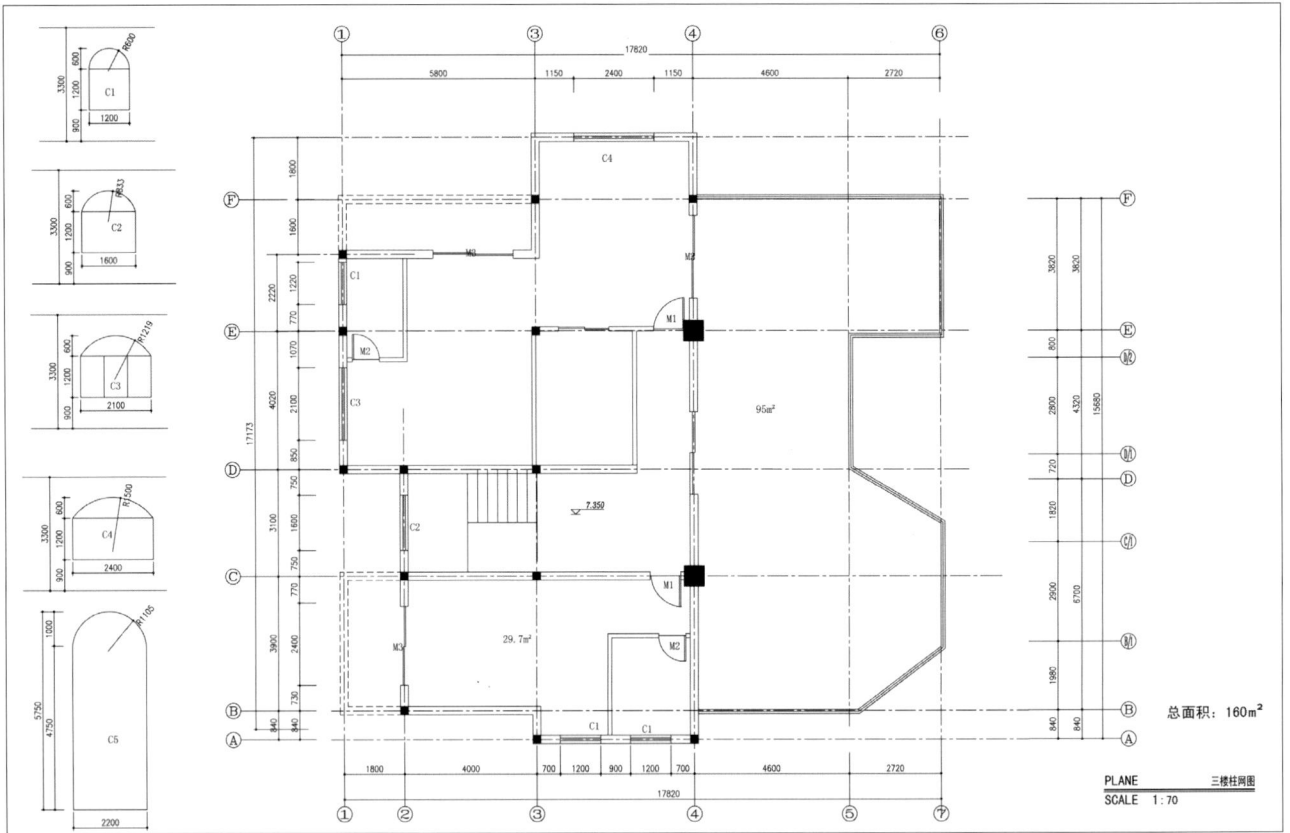

图20-23 别墅三层柱网图

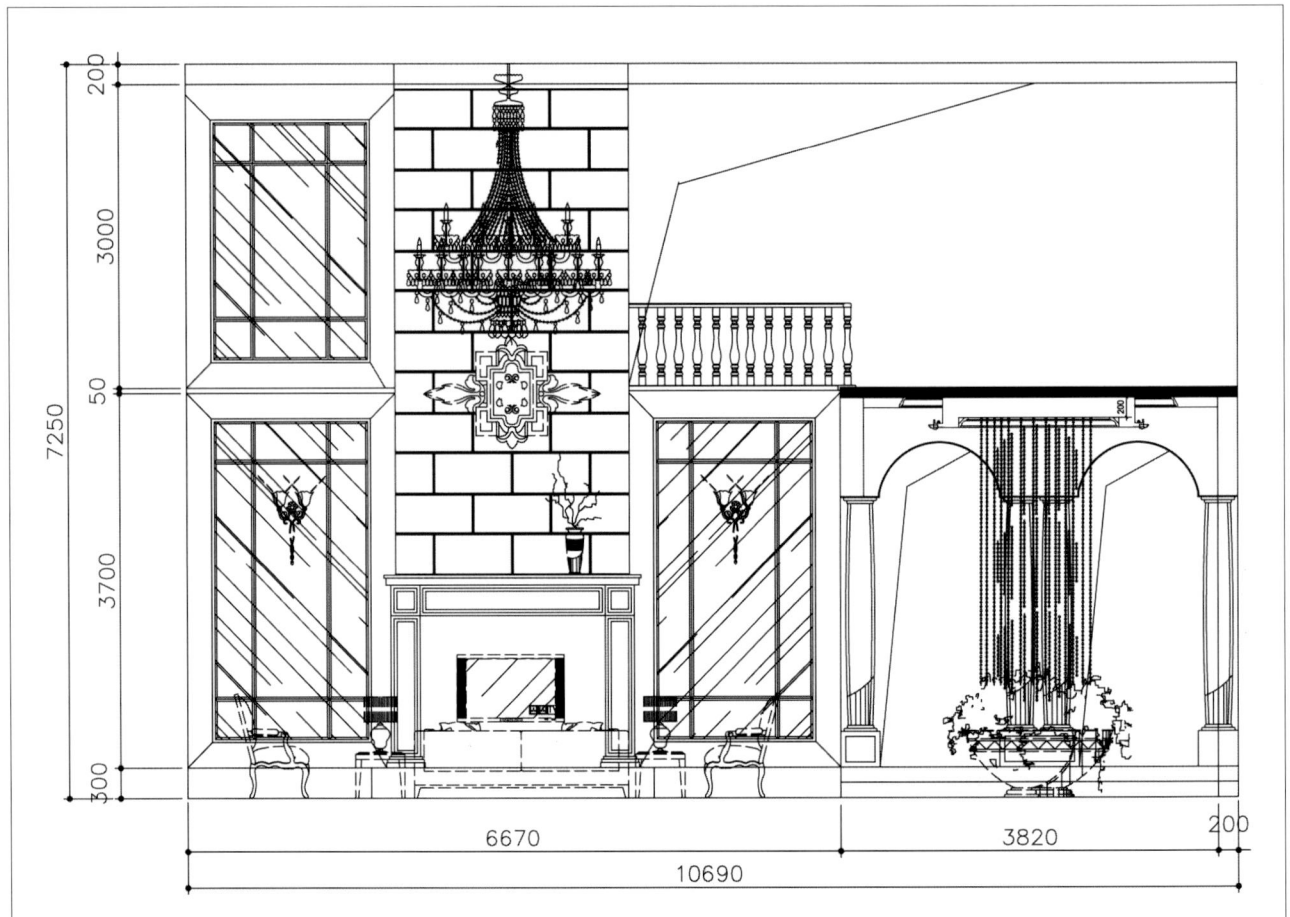

图20-24 别墅一层主立面

石膏板吊顶
白色乳胶漆
成品踢脚

石膏条油白

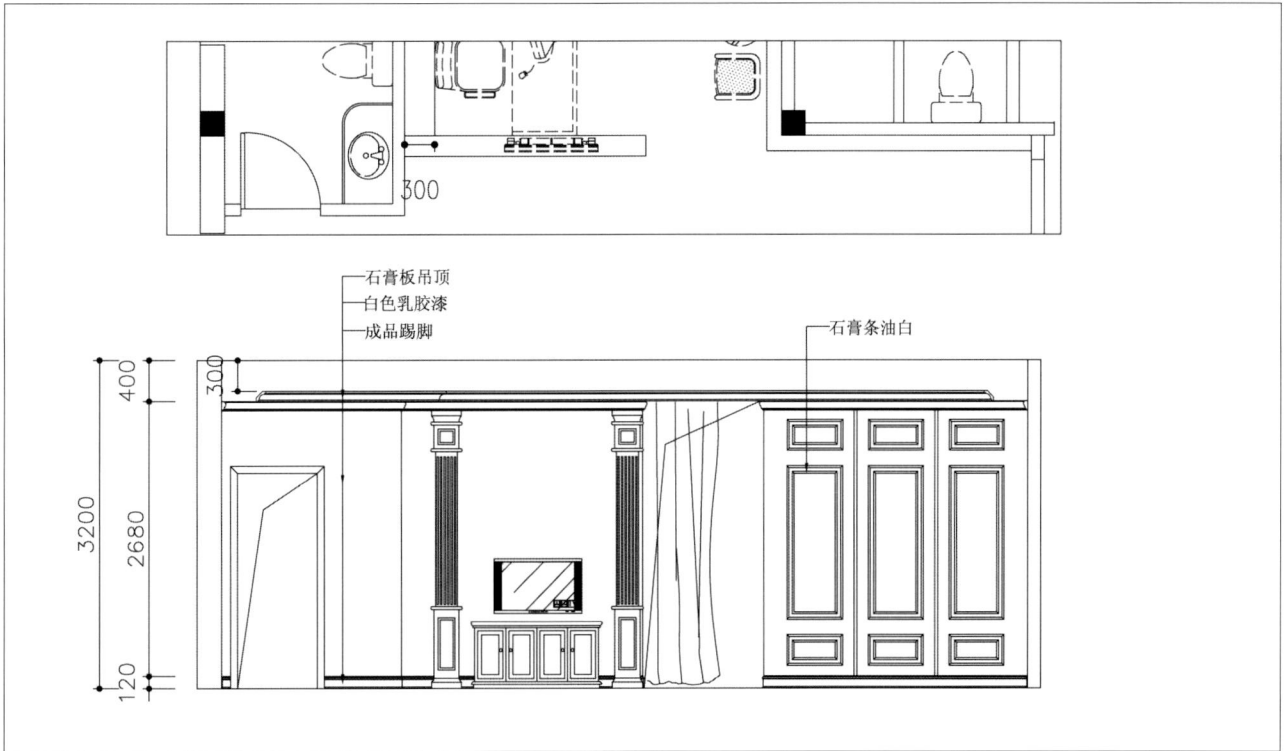

图20-25 别墅二层次卧立面

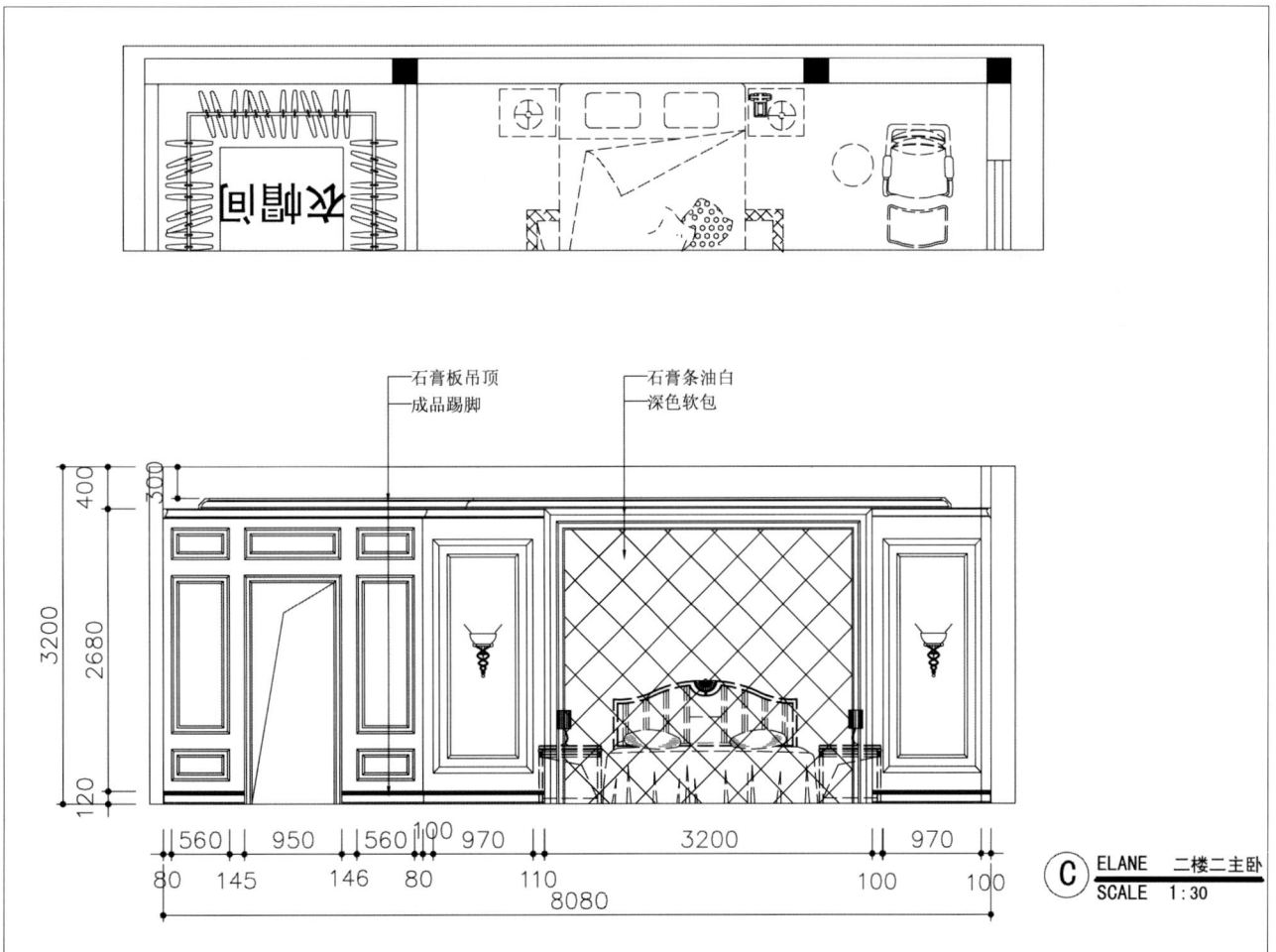

石膏板吊顶
成品踢脚

石膏条油白
深色软包

560 950 560 100 970 3200 970

80 145 146 80 110 100 100

8080

C ELANE 二楼二主卧
SCALE 1:30

图20-26 别墅二层主卧立面

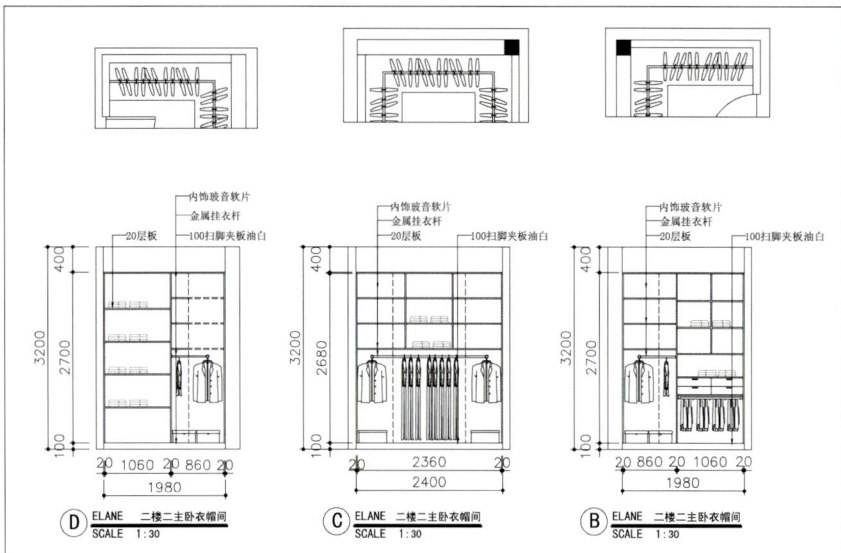

图20-27 别墅二层主卧衣帽间平立面

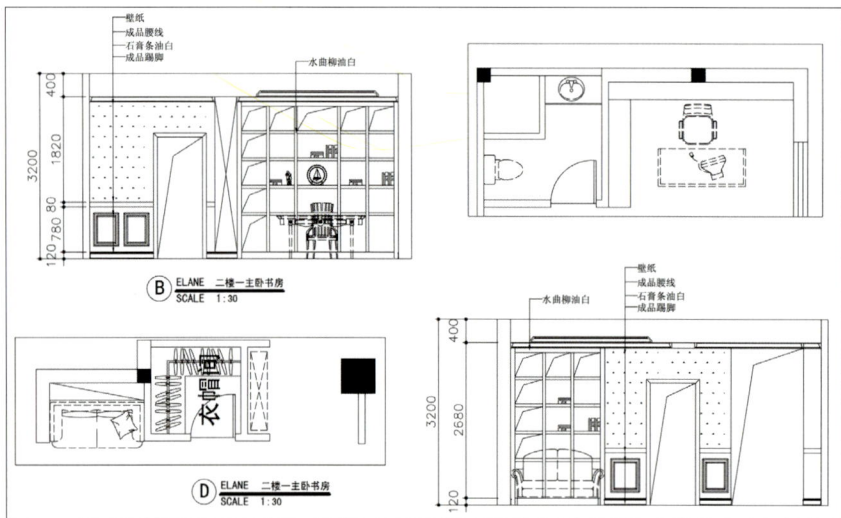

图20-28 别墅三层主卧立面

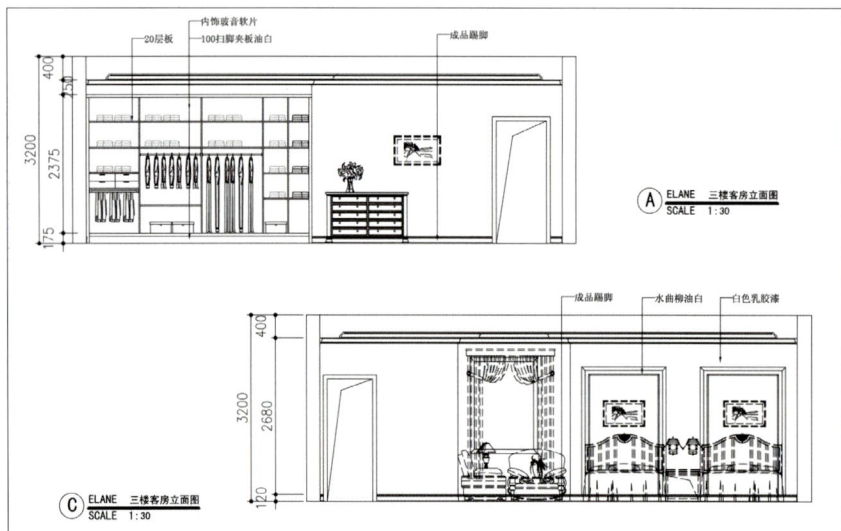

图20-29 别墅三层客房立面

施工图作为该方案设计的最后一项工作，完成后要交由相关单位进行审图，之后就可以交给施工单位进行施工了。

参考文献

［1］来增祥，陆震玮. 室内设计原理. 北京：中国建筑工业出版社，2006.

［2］高详生. 高级室内装饰设计师. 北京：机械工业出版社，2006.

［3］张峻峰. 室内设计师设计指导. 北京：机械工业出版社，2008.

［4］托姆莱斯·汤戈兹. 英国室内设计基础教程. 上海：上海人民美术出版社，2008.

［5］张绮曼，郑曙炀. 室内设计资料集. 北京：中国建筑工业出版社，1991.

［6］许亮，董万里. 室内环境设计. 重庆：重庆大学出版社，2005

［7］深圳市金版文化发展有限公司. 中国公共空间设计. 长春：吉林美术出版社，2008.

［8］饶良修. 中国室内设计年刊. 天津：天津大学出版社，2006.

高等职业教育艺术设计类专业实践教材

后记

人的一生绝大部分时间是在室内度过的，因此，人们设计创造的室内环境，必然会直接关系到室内生活的质量，关系到人们的安全、健康、效率、舒适等。

室内设计就是根据建筑物的使用性质、所处环境和相应标准，运用物质技术手段和建筑美学原理，创造功能合理、舒适优美、满足人们物质和精神生活需要的室内环境。这种空间环境应该具有使用价值，满足相应的功能要求，同时也反映历史文脉、建筑风格、环境气氛等精神因素。

改革开放 30 多年来，我国的经济建设取得了前所未有的腾飞，同时也带动了建筑装饰行业的迅猛发展。20 世纪 90 年代以来，神州大地上升腾起了一股室内装修热潮，这股热潮造就了一大批室内装饰公司，也为整个行业培养了一大批设计师。为了满足设计单位对室内装饰设计人才的不断需求以及高等院校室内设计专业的教学需要，我们根据多年的教学、科研实践，结合行业从业者的实践经验，编写了这本教材。

本书不同于以往的室内设计原理类书籍，而是立足于把设计原理和设计方法较好地结合起来，既阐明了设计的工程原理，又突出了设计方法，对一些工程设计还有实例分析，力争做到理论和实际的完美结合。全书共分六个单元，包括室内设计方法概论、室内设计项目及其分析、室内设计项目定位及其实现，最后以室内设计方法案例结束全书。本书把新的设计思潮和思维带入其中，旨在培养设计师创造性思维和综合设计能力。

本书由长沙民政职业技术学院教师王茂林、叶菡、罗友、吕永梁、毛静等编写。编写过程中得到所在学校有关项目合作者的支持，在此一并表示感谢。

由于编者水平有限、经验不足，错误之处在所难免，欢迎广大师生和从业人员批评指正！

编者

2010 年 4 月